DUOXUANYI WURENJI XITONG SHIJIAN ZHIDAO JIAOCHENG

# 多旋翼无人机系统实践指导教程

主　编　夏金威　顾　涵
副主编　王　鹏　徐　健　张惠国
顾　江　丁奎杰　王运穗

苏州大学出版社
Soochow University Press

图书在版编目（CIP）数据
多旋翼无人机系统实践指导教程 / 夏金威，顾涵主编. -- 苏州 ：苏州大学出版社，2025. 5. --（高等教育实习实践类精品教材）. -- ISBN 978-7-5672-5246-2
Ⅰ. V279
中国国家版本馆 CIP 数据核字第 2025FZ2750 号

DUOXUANYI WURENJI XITONG SHIJIAN ZHIDAO JIAOCHENG

**责任编辑**：吴昌兴　　**装帧设计**：刘　俊

**出版发行**：苏州大学出版社
**社　　址**：苏州市十梓街 1 号
**邮　　编**：215006
**印　　刷**：镇江文苑制版印刷有限责任公司
**版　　次**：2025 年 5 月第 1 版
**印　　次**：2025 年 5 月第 1 次印刷
**网　　址**：http://www.sudapress.com
**邮　　箱**：sdcbs@suda.edu.cn
**开　　本**：718 mm×1 000 mm　1/16
**印　　张**：13
**字　　数**：241 千
**定　　价**：46.00 元

图书若有印装错误，本社负责调换
苏州大学出版社营销部电话　　0512-67481020
苏州大学出版社天猫旗舰店　　https://szdxcbs.tmall.com

# 前言
PREFACE

在科技飞速发展的当下，多旋翼无人机作为一项具有广泛应用前景的技术，正逐渐渗透至航空测绘、农业植保、物流运输、应急救援等多个领域，展现出其不可忽视的价值。为了满足应用型本科人才培养的需求，顺应产教融合的教育趋势，我们精心编写了《多旋翼无人机系统实践指导教程》。

本书旨在为学生构建全面且实用的多旋翼无人机知识体系。全书分为两个核心部分，涵盖了从理论基础到开发实践的全流程。

基础知识部分，为读者开启了解多旋翼无人机复杂技术的大门。通过这部分内容的学习，读者将对多旋翼无人机的基本结构形成清晰的认知，这是后续深入学习和实践的基石。只有扎实掌握无人机的结构知识，才能更好地理解无人机的飞行原理、动力系统、传感器配置等关键要素，为后续的编程开发和实践应用奠定坚实的理论根基。

开发实践部分介绍了飞控编程实验和视觉功能应用实验。

飞控编程实验是本教材的核心之一。飞控系统如同无人机的“大脑”，而编程则赋予其“思考”和“行动”的能力。此部分详细指导读者如何进行飞控编程开发。从基础的代码逻辑到复杂的飞行控制算法，通过逐步深入地讲解实践案例，读者可以掌握编程技能，能够根据不同的应用场景和需求，开发出稳定高效的飞控程序。

视觉功能应用实验是针对当前无人机智能化发展趋势而设置的。

机器视觉在无人机中的应用极大地拓展了其功能边界。本书将引导读者掌握在无人机上开发视觉吊舱系统，让无人机具备"视觉感知"能力，能够在飞行过程中识别和分析环境信息，从而实现更加精准和智能的飞行操作。

开发实践部分的应用场景主要来源于北京博创尚和科技有限公司的智飞-250多旋翼无人机平台。依托真实的工业级应用场景，读者能够在贴近实际工作的环境中开展实践学习，积累宝贵的实践经验，有效提升职场适应能力。

期望这本书能够成为培养应用型本科人才的有力工具，在产教融合的道路上发挥积极作用，为多旋翼无人机领域输送更多优秀的专业人才，推动该领域的持续创新和发展。

本书第1～5章由夏金威、顾涵编写，第6～7章由王鹏、徐健、张惠国、顾江、丁奎杰、王运穗编写；顾涵、夏金威负责统稿。

由于编者水平所限，加之时间仓促，书中难免存在疏漏和不妥之处，敬请广大读者和专家批评指正。

编　者

2025年4月

# 目录 CONTENTS

## 第一部分　多旋翼无人机基础知识


**第 1 章　绪论　/2**

**第 2 章　多旋翼无人机概述　/4**

2.1　多旋翼无人机系统组成及控制原理　/4

2.2　多旋翼无人机的性能特点　/11

**第 3 章　多旋翼无人机检测方法　/16**

3.1　装机测试　/16

3.2　室内检修　/23

3.3　场地选择及飞行守则　/25

**第 4 章　多旋翼无人机相关技术要求　/28**

4.1　锂电池使用注意事项　/28

4.2　机体及外围零件　/29

4.3　脉宽调制概述　/31

4.4　常用的航模术语　/32

4.5　通道、微调、舵机三线　/33

**第 5 章　多旋翼无人机航空气象　/35**

5.1　地面风系统分析　/35

5.2　温度影响深度解析　/38

5.3　降水影响与防护　/39

5.4　能见度科学评估　/41

5.5　电磁环境管理　/42

# 第二部分 多旋翼无人机开发实践

第 6 章 多旋翼无人机飞控编程实验 /44
6.1 飞控开发环境搭建与编程基础实验 /44
6.2 电机驱动模块编写实验 /52
6.3 传感器信息读取实验 /58
6.4 地面站数据交互实验 /64
6.5 滤波与组合导航实验 /68
6.6 控制参数整定实验 /72
6.7 定高功能实验 /76
6.8 定点悬停实验 /78
6.9 一键起飞控制实验 /80
6.10 一键降落控制实验 /82
第 7 章 多旋翼无人机视觉功能应用实验 /85
7.1 系统镜像安装及环境搭建 /85
7.2 Python 编程基础与串口通信实验 /96
7.3 OpenCV 安装及入门 /116
7.4 飞控信息读取与控制 /124
7.5 一键起飞悬停实验 /132
7.6 人脸检测跟踪实验 /137
7.7 二维码识别导航 /144
7.8 颜色识别检测跟踪 /151
7.9 无人机视觉巡线实验 /158
7.10 基于 KCF 目标检测跟踪 /171
参考文献 /178
附录:我国无人机管理相关法律、法规 /179

# 第一部分

# 多旋翼无人机基础知识

# 第1章 绪 论

无人机(unmanned aerial vehicle,UAV)涵盖遥控飞行器、无人靶机等。多旋翼无人机近几年才发展起来,脱胎于航空模型,所以很多人也认为多旋翼无人机是航模。航空模型属于无线电控制(radio controller,RC)范畴,无线电控制又是从一个遥远的地点位置制导或控制的,与无人机相关;但是无人机不一定就是无线电控制的,因为无人机可以根据预先设置的飞行程序来飞行。

不管无人机以遥控控制的方式飞行,还是通过一个预设的导航系统飞行,它都由一个有飞行技能的人来操控。目前使用的无人机通常有自动驾驶及导航系统,可保持飞行姿态、飞行高度并进行地面跟踪。

遥控控制无人机通常指通过地面控制站中设置的开关或者操纵杆来手工调整无人机的方向、高度、速度等,以此来控制无人机的位置。当无人机到达指定航线时,无人机中的自动驾驶仪便可保持飞行稳定并实行操纵。各种类型的导航系统(全球定位系统、无线电控制系统、惯性系统)可执行事先设定的任务,这些任务可由人工操纵完成,也可自动完成。

一架典型的无人机系统一般包括飞行器、一个或多个地面控制系统(任务规划与控制站)、有效载荷及数据链路。此外,很多无人机系统包括发射与回收子系统。一个简单普通的无人机系统如图 1.0.1 所示。

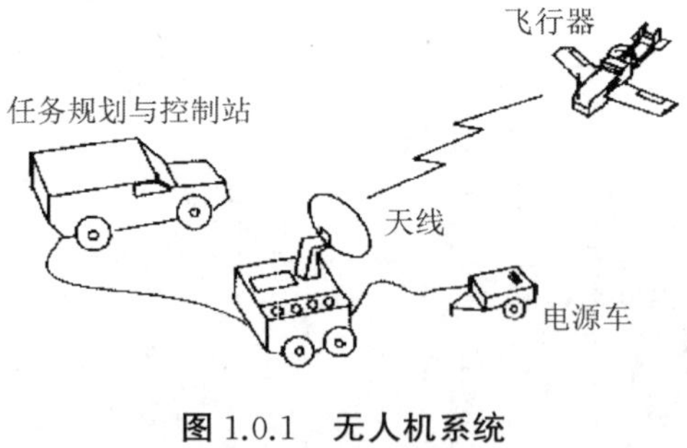


**图 1.0.1 无人机系统**

1. 飞行器组成

无人机系统中的空中部分又称飞行器,包括飞机机体、推进装置、飞行操控装置、供电系统。飞行数据终端被安装在机体上，它是通信数据链路的机载部分。有效载荷显然是机载的，但它却被认为是独立的子系统，能够在不同的飞行器之间通用，并且经过特别设计，能够完成各种不同任务。飞行器可以分为固定翼式、旋转翼式或风管式。部分典型的飞行器如图 1.0.2 所示。

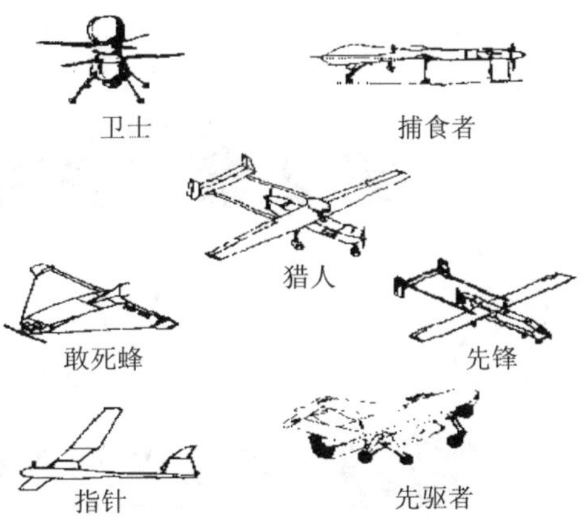

**图 1.0.2　部分典型的飞行器**

2. *多旋翼无人机分类*

多旋翼无人机，按轴数分有三轴、四轴、六轴、八轴甚至十八轴等；按发动机个数分有三旋翼、四旋翼、六旋翼、八旋翼甚至十八旋翼等。

需要注意的是，轴和旋翼的数量一般情况下是相同的，有时候也是不同的，比如四轴八旋翼，即将四轴上每个轴上下各安装一个电机构成八旋翼。本书主要介绍四旋翼无人机。

3. *多旋翼无人机任务*

多旋翼无人机任务是由航程、续航时间、速度及有效载荷能力来决定的。最常见的任务包括航拍、植保、巡线、刑侦、救援等。任务不同，需求也不同，对性能要求便有各自的侧重点，但最迫切的要求是在保证有足够的任务载荷情况下能够提供更长的续航时间。当前，市面上可见的多旋翼无人机多应用于民用领域，同时在军事领域也展现出广阔的应用前景。这也对多旋翼无人机的稳定性、可靠性和适应各种复杂环境的能力提出了更高要求。目前，多旋翼无人机正朝着模块化结构迈进，这一趋势不仅大大简化了多旋翼无人机的结构，也在一定程度上推动了市场应用范围的进一步拓展。

# 第 2 章　多旋翼无人机概述

## 2.1　多旋翼无人机系统组成及控制原理

### 2.1.1　多旋翼无人机系统组成

以四轴无人机为例，它也被称作四旋翼无人机，有四个螺旋桨，属于无人机中结构简单的类型。位于中心的主控板接收来自遥控发射机的控制信号，在获取操作者的指令后，通过数字控制总线将指令传输给四个电调，电调再把控制指令转化为电机的转速，以达到操作者的控制目标。电机的转动顺序和螺旋桨的正反配置，均由所安装的飞控系统确定。机械结构上只需保持质量分布均匀，并使四个电机保持在同一水平面上，整体结构相对简单。

多旋翼无人机系统组成如图 2.1.1 所示。

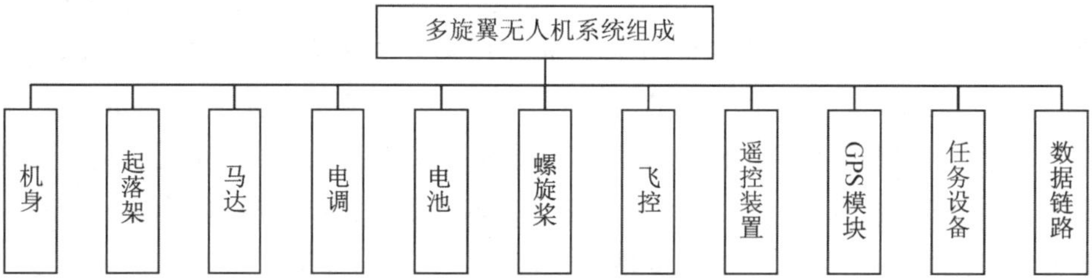


**图** 2.1.1　**多旋翼无人机系统组成**

1. 机身

机身是大多数设备的安装位置，也是多旋翼无人机的主体，也称为机架。根据机臂数量的不同，多旋翼无人机可分为三旋翼、四旋翼、六旋翼、八旋翼、十六旋翼、十八旋翼等类型，此外还有四轴八旋翼等特殊结构，结构不同，对应的叫法也不同。为兼顾结构强度和质量，机身材料通常采用碳纤维材质。

2. 起落架

起落架是多旋翼无人机唯一和地面接触的部位。它在多旋翼无人机起飞和降落时,起到缓冲的作用,也是为了保护机载设备。由于要承受一定的冲力,所以要求起落架强度高,结构牢固,与机身保持相当可靠的连接。一般在起落架前后涂装上不同的颜色,便于远距离飞行时区分多旋翼无人机的前后。

3. 马达

对于电动无人机来说,马达就是电机,是多旋翼无人机的动力机构,为飞行提供升力和推力等。无刷电机去除了电刷,最直观的变化是避免了有刷电机运转时产生的电火花,极大程度地减少了电火花对遥控无线电设备的干扰。此外,由于无刷电机没有了电刷,运转时摩擦力大大减小,运行更为顺畅,噪声也明显降低,这个优点为模型运行的稳定性提供了强有力的支撑。

一般电机的名称中含 4 位数字,如 2212 电机、2018 电机等,这表示电机尺寸(非外壳尺寸)。前面 2 位代表电机转子的直径,后面 2 位代表电机转子的高度,单位是毫米。简单来说,前面 2 位越大,电机越宽;后面 2 位越大,电机越高。又高又大的电机,功率就更大,适合做大四轴。其中,2212 电机是最常见的配置。

无刷电机 KV 值表示转速/V,即输入电压每增加 1 V,无刷电机空转转速增加的转速值。例如:对于 KV 值为 1000 的电机,外加 1 V 电压,电机空转时每分钟转 1000 转,外加 2 V 电压,电机空转时每分钟转 2000 转。单从 KV 值,不可以评价电机的好坏,因为不同 KV 值适用不同尺寸的桨。绕线匝数多的电机,KV 值低,最高输出电流小,但扭力大,适配大尺寸的桨;绕线匝数少的电机,KV 值高,最高输出电流大,但扭力小,适配小尺寸的桨。

4. 电调

电调,即电子调速器,将控制信号转变为电流信号,用于控制电机转速。通常每个电机正常工作时,有 3 A 左右的电流。如果没有电调的存在,飞控根本无法承受这样大的电流,而且飞控也没有驱动无刷电机的功能。电调在多旋翼无人机中也起到了电压变化器的作用,如将 11.1 V 电压变为 5 V 电压给飞控供电。

5. 电池

电池是电动多旋翼无人机的供电装置,给电机和机载电子设备供电。最小是 1S 电池(3.7 V 电压),常用的是 3S、4S、6S 电池。

6. 螺旋桨

螺旋桨安装在电机上,主要指标有螺距和尺寸。多旋翼无人机安装的都是不可变总距的螺旋桨。

桨的指标是 4 位数字，前面 2 位代表桨的直径（单位：in，1 in=25.4 mm），后面 2 位代表桨的螺距。

正反桨：四轴飞行时，为了抵消螺旋桨的自旋，相邻的桨旋转方向是不一样的，所以需要正反桨。正反桨的风都向下吹。适合顺时针旋转的叫正桨，适合逆时针旋转的叫反桨。安装时须注意，无论正桨还是反桨，有字的一面始终向上（桨叶圆润的一面要和电机旋转方向一致）。

螺旋桨越大，升力就越大，但也需要更大的力量来驱动；螺旋桨转速越高，升力越大；电机的 KV 值越小，转动力量就越大。大螺旋桨就需要用低 KV 值电机，小螺旋桨就需要高 KV 值电机（因为需要用转速来弥补升力不足）。如果高 KV 值带大桨，力量会不够，实际还是低速运转，电机和电调很容易烧坏。如果低 KV 值带小桨，升力会不够，可能造成无法起飞。例如，常用的 1000 KV 值电机，通常配 10 in 左右的桨较为合适。

7. 飞控

飞控包括陀螺仪、加速度计、电路控制板、各外设接口。这里只介绍陀螺仪和加速度计。

（1）陀螺仪

理论上陀螺只测试旋转角速度，但实际上所有的陀螺都对加速度敏感，而重力加速度在地球上又无处不在，并且实际应用中，很难保证陀螺不受冲击和振动产生的加速度影响。在实际应用中，陀螺对加速度的敏感程度非常重要，因为振动敏感度是最大的误差源。两轴陀螺仪能起到增稳作用，三轴陀螺仪能够自稳。

（2）加速度计

加速度计一般为三轴加速度计，测量三轴加速度和重力。

8. 遥控装置

遥控装置包括遥控器和接收机，接收机装在机体上。一般按照通道数将遥控器分成六通道、八通道、十四通道等。

9. GPS 模块

全球定位系统（global positioning system，GPS）模块用于测量多旋翼无人机当前的经纬度、高度、航迹方向、地速等信息。一般在 GPS 模块中还会包含地磁罗盘（三轴磁力计），测量无人机当前的航向。

10. 任务设备

一般的任务设备就是云台，常用的有两轴云台和三轴云台。云台作为相机或摄像机的增稳设备，提供两个方向或三个方向的稳定控制。云台控制可以和电机集成在一个遥控器中，也可以由单独的遥控器控制。

11. 数据链路

数据链路包括数传和图传。数传就是数字传输，数传终端和地面控制站（笔记本或手机等数据终端）接收来自飞控系统的数据信息。图传就是图像传输，接收机载相机或摄像机拍摄的图像，一般延迟在几十毫秒。目前也有高清数字图传，传输速率和清晰度都有很大提高。

### 2.1.2 多旋翼无人机控制原理

以四轴无人机为例，当没有外力且质量分布均匀时，四个螺旋桨以相同的转速转动，当螺旋桨向上的拉力大于整机的重力时，四轴就会向上升；当拉力与重力大小相等时，四轴就可以在空中悬停。当四轴的前方受到向下的外力时，前方马达加快转速，以抵消外力的影响从而保持水平，同样当其他方向受到外力时，四轴也可以通过这种动作保持水平。

当需要控制四轴向前飞时，前方的马达减速，而后方的马达加速，这样，四轴就会向前倾斜，也相应地向前飞行。同样，向后、向左、向右飞行也是通过这样的控制就可以实现。当要控制四轴的机头方向按顺时针转动时，加快左右马达的转速，同时降低前后马达的转速。

因为左右马达是逆时针转动的，且转速一致，所以左右是保持平衡的。而前后马达是顺时针转动的，且转速也是一样的，所以前后左右都可以保持平衡，飞行高度也可以保持。但是逆时针转动的力比顺时针大，所以机身会向反方向转动，从而控制机头的方向。这也是四轴无人机采用两个反桨、两个正桨的原因。

1. 电调控制原理

平时用的商品电调是通过接收机上的油门通道进行控制的，这个接收机输出的控制信号一般都是 20 ms 间隔的脉宽控制信号，而四轴无人机为了提高响应速度，需要更短的控制命令间隔（如 5 ms），因此必须使用特殊的电调，而不能使用普通的商品电调。那么，为什么要使用 I2C 总线跟电调连接呢？这个跟电路设计及软件编写等有关。I2C 总线在硬件连接上可以满足多个设备直接并联在总线上，并通过其传输机制保证主机与各个从机之间的顺畅沟通，这样连接就比较方便，所以四个电调的控制线并接在一起连到主控板上就可以了。而且，很多单片机都集成 I2C 总线，软件设计起来也能得心应手。

2. 陀螺仪控制原理

陀螺仪对微小的转动非常敏感，所以它对无人机飞行姿态的控制起着重要作用。无人机有一点点的偏转，陀螺仪就能自动修正，简单来说，陀螺仪就是帮助无人机保持稳定姿态的。四轴无人机没有陀螺仪就不能飞行，因为四个螺旋桨的动力有一点点差别就会侧翻。三轴加速度计用来分析陀螺仪的信号，并能够记住无人机的姿态，当操纵杆回位后，无人机就自动恢复水平。

简单来说，利用一个四轴的无人机搭载一个摄像机，再加上一个图传系统实现地面的监控，就组成了一个航拍四轴无人机。

3. 驱动结构

如图 2.1.2 所示，电机 1 和电机 3 逆时针旋转的同时，电机 2 和电机 4 顺时针旋转，因此当无人机平衡飞行时，陀螺效应和空气动力扭矩效应均被抵消。

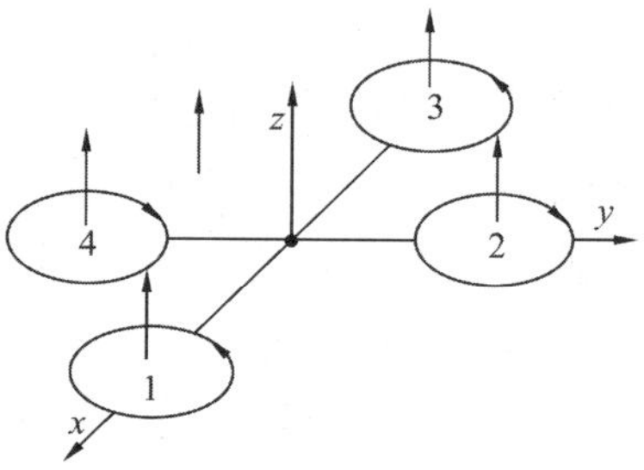


图 2.1.2　旋翼分布示意图

与直升机相比，四旋翼无人机有下列优势：各个旋翼对机身所施加的反扭矩与旋翼的旋转方向相反，因此当电机 1 和电机 3 逆时针旋转的同时，电机 2 和电机 4 顺时针旋转，可以平衡旋翼对机身的反扭矩。四旋翼无人机在空间共有 6 个自由度（分别沿三个坐标轴做平移和旋转动作），这 6 个自由度的控制都可以通过调节不同电机的转速来实现。

4. 多旋翼构造

四轴无人机构造特点是四个角上各装有一旋翼，由电机分别带动，叶片可以正转，也可以反转。为了保持无人机的稳定飞行，在四轴无人机上装有三个方向的陀螺仪和三轴加速度传感器组成惯性导航模块，还通过电子调控器来保证其快速飞行。

5. 技术难点

① 在飞行过程中，无人机不仅受到各种物理效应的作用，还很容易受到气流等外部环境的干扰，很难获得准确的性能参数。

② 微型四旋翼无人机是一个具有六个自由度，而只有四个控制输入的欠驱动系统。它具有多变量、非线性、强耦合和干扰敏感的特性，使得飞行控制系统的设计变得非常困难。

③ 利用陀螺进行物体姿态检测需要进行累计误差的消除，而建立误差模型

和通过组合导航修正累计误差是工程难题。

这三个问题成功解决，是实现微型四旋翼无人机自主飞行控制的关键，具有非常重要的研究价值。

6. 基本运动状态

基本运动状态包含垂直运动、俯仰运动、滚转运动、偏航运动、前后运动、侧向运动。

(1) 垂直运动

图 2.1.2 中，因有两对电机转向相反，可以平衡其对机身的反扭矩，当同时增加四个电机的输出功率，旋翼转速增加使得总拉力增大，总拉力足以克服整机重时，四旋翼无人机便离地垂直上升；反之，同时减小四个电机的输出功率，四旋翼无人机则垂直下降，直至平衡落地，实现了沿 $z$ 轴的垂直运动。当外界扰动量为零，且旋翼产生的升力等于无人机的自重时，无人机便保持悬停状态。因此，保证四个旋翼转速同步增加或减小是垂直运动的关键。

(2) 俯仰运动

为了确保四旋翼无人机的整体扭矩及总拉力保持不变，旋翼 1 与旋翼 3 转速变量的大小应相等。由于旋翼 1 的升力上升，旋翼 3 的升力下降，产生的不平衡力矩使机身绕 $y$ 轴旋转(图 2.1.3)；反之，当旋翼 1 的转速下降，旋翼 3 的转速上升，机身便绕 $y$ 轴向相反方向旋转，从而实现无人机的俯仰运动。

(3) 滚转运动

与俯仰运动的原理相同，改变电机 2 和电机 4 的转速，保持电机 1 和电机 3 的转速不变，则可使机身绕 $x$ 轴旋转(正向和反向)，实现无人机的滚转运动(图 2.1.4)。

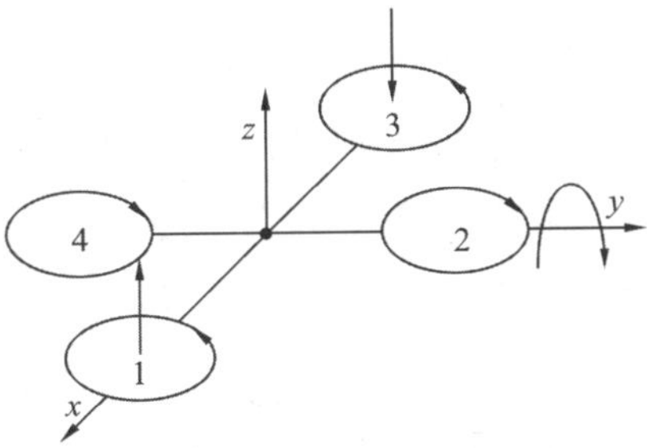


图 2.1.3　俯仰运动电机驱动示意图

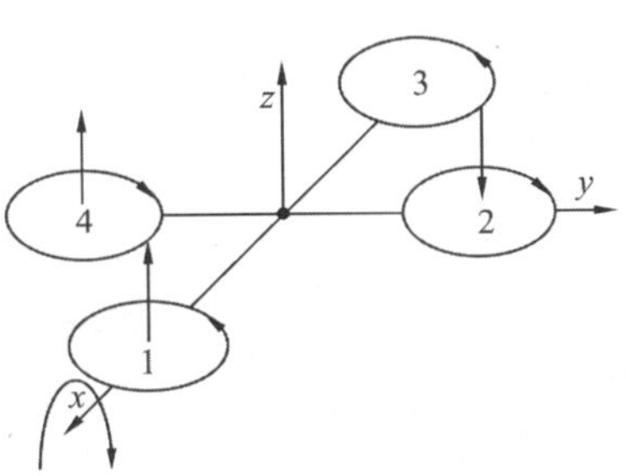


图 2.1.4　滚转运动电机驱动示意图

（4）偏航运动

四旋翼无人机偏航运动可以借助旋翼产生的反扭矩来实现。旋翼转动过程中，由于空气阻力作用会形成与转动方向相反的反扭矩。为了克服反扭矩影响，可使四个旋翼中的两个正转，两个反转，且对角线上的各个旋翼转动方向相同。反扭矩的大小与旋翼转速有关，当四个电机转速相同时，四个旋翼产生的反扭矩相互平衡，四旋翼无人机不发生转动；当四个电机转速不完全相同时，不平衡的反扭矩会引起四旋翼无人机转动。当电机1和电机3的转速上升，电机2和电机4的转速下降时，旋翼1和旋翼3对机身的反扭矩大于旋翼2和旋翼4对机身的反扭矩，机身便在富余反扭矩的作用下绕$z$轴转动，实现无人机的偏航运动，转向与电机1、电机3的转向相反（图2.1.5）。

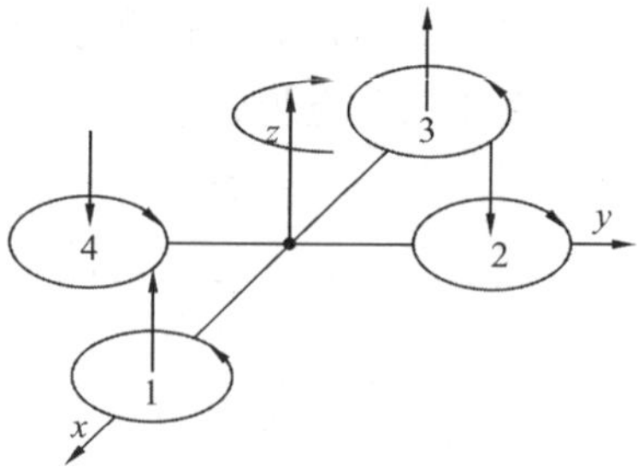


**图2.1.5 偏航运动电机驱动示意图**

（5）前后运动

要想实现无人机在水平面内前后、左右的运动，必须在水平面内对无人机施加一定的力。在图2.1.6中，增加电机3的转速，使拉力增大，相应减小电机1的转速，使拉力减小，同时保持其他两个电机的转速不变，反扭矩仍然要保持平衡。无人机首先发生一定程度的倾斜，从而使旋翼拉力产生水平分量，因此可以实现无人机的前飞运动。同理，可实现向后飞行。当然在图2.1.3、图2.1.4中，无人机在产生俯仰、滚转运动的同时也会产生沿$x$、$y$轴的水平运动。

（6）侧向运动

在图2.1.7中，由于结构对称，所以侧向飞行的工作原理与前后运动完全一样。

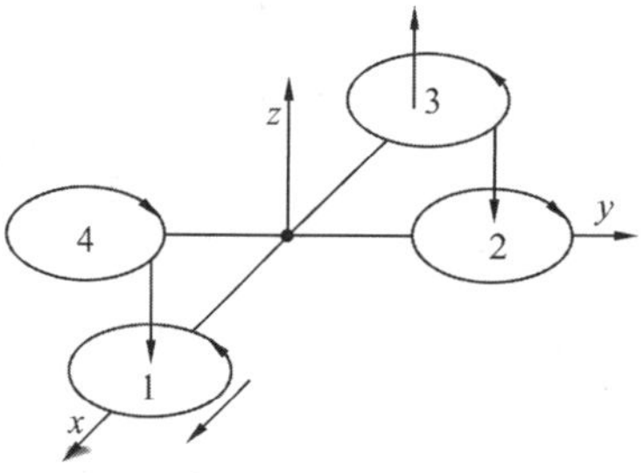


**图2.1.6 前后运动电机驱动示意图**

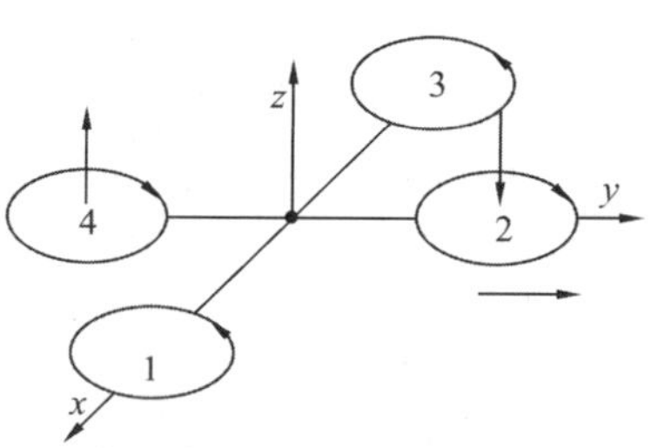


**图2.1.7 侧向运动电机驱动示意图**

# 2.2　多旋翼无人机的性能特点

## 2.2.1　空气动力特点

旋翼旋转产生向上的升力，用于克服机身的重力。多旋翼无人机通过多个旋翼一起调节转速达到控制机身完成飞行动作的目的，所以发动机空中停车时，多旋翼无人机会出现失控现象，除非六旋翼或更多旋翼在某个发动机停车时能够通过其他发动机进行补偿。

旋翼旋转产生向前的水平分力可克服空气阻力，使多旋翼无人机前进，类似于飞机上推进器的作用。

多旋翼无人机电机是成对出现的，且相邻电机安装正反桨，用以中和扭矩。螺旋桨由两片桨叶组成。工作时，桨叶与空气做相对运动，产生空气动力。

先来探究多旋翼无人机的轴向直线运动，由于多旋翼无人机和直升机的情况类似，现将其与直升机做对比。由于两者技术要求不同，旋翼的直径大但转速小；螺旋桨的直径小而转速大。在分析、设计上有所区别。设一旋翼桨叶片数为 $k$，以恒定角速度 $\Omega$ 绕轴旋转，并以速度 $v_0$ 沿旋转轴做直线运动。如果用一中心轴线与旋翼轴重合，而半径为 $r$ 的圆柱面把桨叶裁开，并将这圆柱面展开成平面，就可得到桨叶剖面。既然这时桨叶包括旋转运动和直线运动，对于叶剖面来说，应有径向速度($\Omega r$)和垂直于旋转平面的速度($v_0$)，而合速度($W$)是两者的矢量和。由图 2.2.1 可见，对于用不同半径的圆柱面所截出来的各个桨叶剖面，他们的合速度是不同的：大小不同，方向也不相同。如果进一步考虑由于桨叶运动所激起的附加气流速度(诱导速度)，那么桨叶各个剖面与空气之间的相对速度差异更大。与机翼相比较，这就是桨叶工作条件复杂，对其分析难度较大的原因所在。

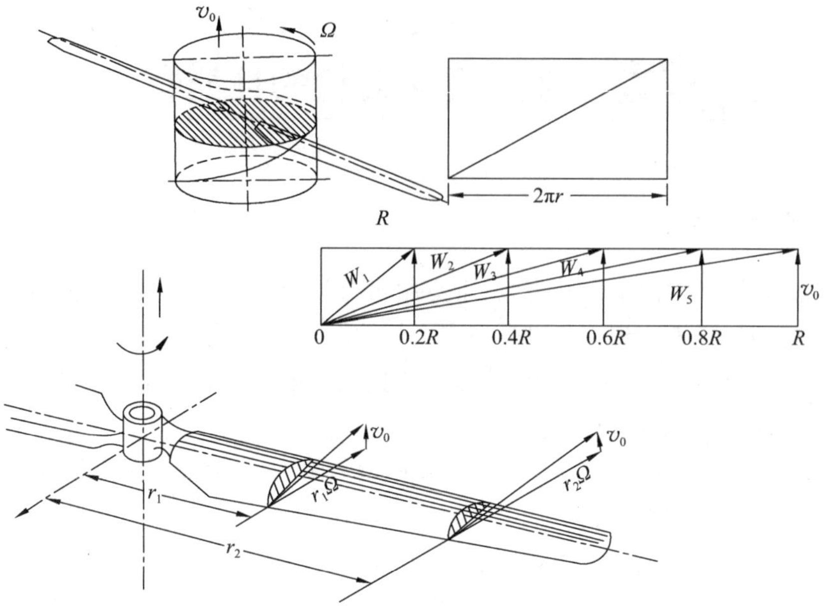


**图 2.2.1　桨叶的运动及合速度**

1. 旋翼拉力产生的滑流理论

现以直升机处于垂直上升状态为例，应用滑流理论说明旋翼拉力产生的原因。此时，将流过旋翼的空气，或正确地说，受到旋翼作用的气流，整个看作一根光滑流管加以单独处理。假设空气是理想流体，没有黏性，也不可压缩；旋转着的旋翼是一个均匀作用于空气的无限薄的圆盘（桨盘），流过桨盘的气流速度在桨盘各点均为一常数；气流流过旋翼没有扭转（不考虑旋翼的旋转影响），在正常飞行时，滑流没有周期性的变化。

根据以上假设可以作出描述旋翼在垂直上升状态下滑流的物理图像（图 2.2.2）。图中选取三个滑流截面：$S_0$、$S_1$ 和 $S_2$。在 $S_0$ 面，气流速度就是直升机垂直上升速度 $v$，压强为大气压 $p_0$。在 $S_1$ 的上面，气流速度增加到 $v_1=v+v_{y1}$，压强为 $p_{1上}$。在 $S_1$ 的下面，由于流动是连续的，所以速度仍是 $v_1$，但压强有了突跃，即 $p_{1下}>p_{1上}$，从而产生了使旋翼向上的拉力。在 $S_2$ 面，气流速度继续增加至 $v_2=v+v_{y2}$，压强恢复到大气压强 $p_0$。这里的 $v_{y1}$ 是桨盘处的诱导速度，$v_{y2}$ 是下游远处的诱导速度，也就是在均匀流场内或静止空气中所引起的速度增量。

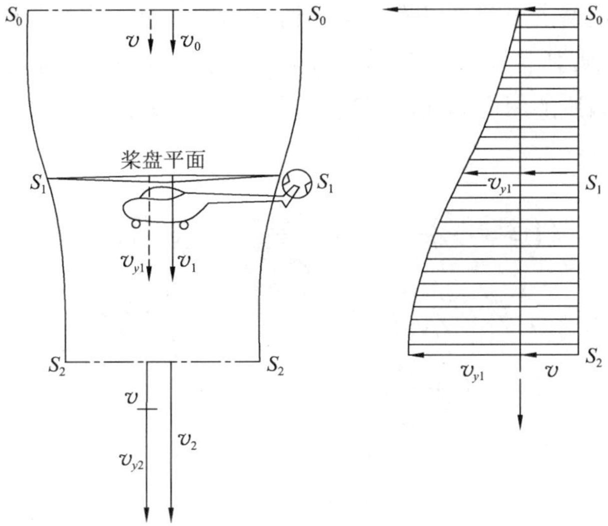


**图 2.2.2　翼面滑流截面**

2. 旋翼拉力产生的涡流理论

根据前面所述的理论，只能宏观地确定不同飞行状态整个旋翼的拉力和需用功率，但无法得知沿旋翼桨叶径向的空气动力载荷，无法进行旋翼设计。为此，必须进一步了解旋翼周围的流场，即旋翼桨叶作用于周围空气所引起的诱导速度，特别是沿桨叶的诱导速度，从而可计算桨叶各个剖面的受力分布。

在理论空气动力学中，涡流理论就是求解任一物体（无论是机翼还是旋翼桨叶）作用于周围空气所引起的诱导速度的方法。从涡流理论的观点来看，旋翼桨叶对周围空气的作用，相当于某一涡系在起作用，也就是说，旋翼的每片桨叶可用一条（或几条）附着涡及很多由桨叶后缘逸出的、以螺旋形在旋翼下游顺流至无限远的尾随涡来代替。

按照旋翼经典涡流理论，对于悬停及垂直上升状态（轴流状态），旋翼涡系模型就像一个半无限长的涡柱，由一射线状的圆形涡盘的附着涡系及多层同心的圆柱涡面（每层涡面由螺旋涡线所组成）的尾迹涡系两部分所构成（图 2.2.3）。

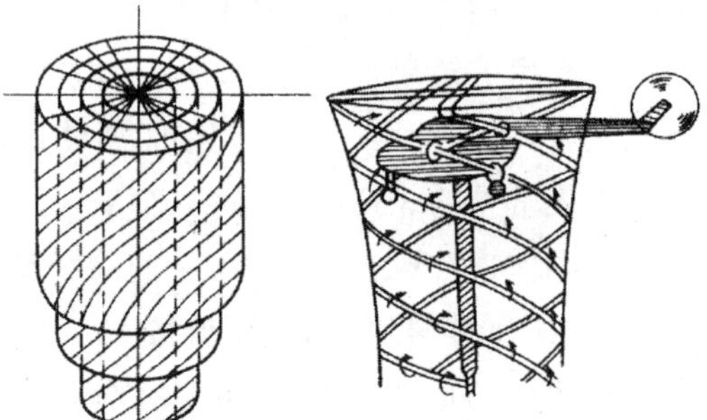

**图 2.2.3　悬停、垂直上升状态的涡柱**

这套涡系模型完全与推进螺旋桨的情况相同。至于旋翼在前飞状态的涡系模型,可以合理地引申为一个半无限长的斜向涡柱,由一圆形涡盘的附着涡系及多层斜向螺旋涡线的斜向涡面的尾迹涡系两部分所构成(图 2.2.4)。

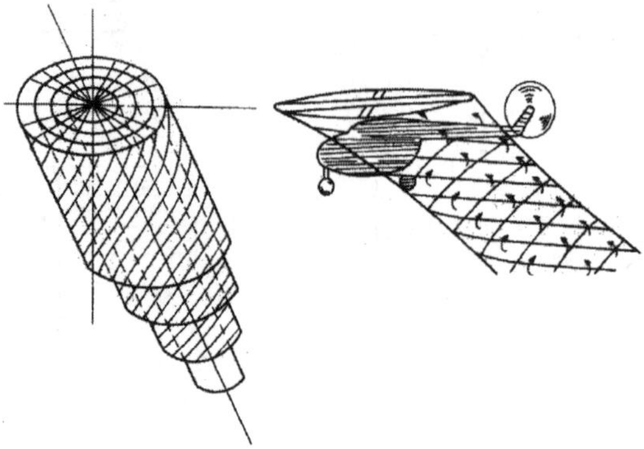

**图 2.2.4 前飞状态的涡柱**

### 2.2.2 飞行性能参数

在多旋翼无人机领域,用电量与飞行效率紧密关联,是衡量性能的重要维度,直接影响续航能力与能耗成本,对优化飞行经济性意义重大。

1. 用电量

不管是做什么形态的多旋翼无人机,人们都想做出载重大、续航时间长、耗电量小的机器。如果说续航时间和载重都是必要的,那么用电量就是唯一可控的变量。

日常生活中的用电量都是以“度”为单位的,1 度电即 1 千瓦时(kWh),指的是一台功率是 1 kW 的电器运行 1 h 所耗的电量。功率其实就是电流和电压相互作用产生的结果,一般用“功率=电压×电流”这个关系来表示。在明确这一概念之后,我们就可以去探究平时所使用的电池的电量到底有多少了。

以最常见的 3S 2200 mAh(毫安时)的锂电为例,储存在里面的电量理论上大概是(3×3.7 V)×2.2 Ah=24.42 Wh,其中 2.2 Ah 就是电池上所标称的 2200 mAh 的换算结果,电压就按 3.7 V 的单片电芯电压来算。24.42 Wh 就代表如果使用的是这块电池,而且整体飞行时的功率只有 24.42 W,那么飞行 1 h 是没问题的。如果功率是 100 W,那么用 3S 2200 mAh 这块电池能飞多久呢?经换算知:60÷(100÷24.42)=14.65(min)。其实,用电量在实际情况下不是算出来的,而是飞出来的。用完一块电池后能充回去的电量才是比较真实的用电量。一般性能较好的充电器都会有充电量显示。那到底应该怎样去控制用电量，才能“载大、航长、耗小”呢？这个问题取决于如何去控制无人机的飞行效率。

2. 飞行效率

我们一般用 g/W 表示飞行效率，代表质量功率比，其高低与电机自身的效率、桨的搭配有着密切的关系，但电机的效率一般都是生产厂家给出的数据，且电机的型号相同、厂家不同，效率上也会有所不同。一般厂家的电机，都会给出相应的配桨效率参数。在厂家给出的效率表中，不难发现，在电机效率高的情况下，如果想提高飞行效率，可以考虑用 KV 值低的电机搭配大桨。

在不考虑结构、震动、平衡等方面带来的损耗的基础上，可以用下面两个较为简单的计算方法来对无人机的安装和调试进行一些判断。

(1) 方法一(适用于装机)

续航时间(min)＝60÷[起飞质量÷(电池实际容量×电池电压×飞行效率)]。

例如：某一无人机配置参数为 4S 5000 mAh 的电池(500 g)、六轴机架(400 g)、电调(6×20 g)、飞控图传(200 g)、云台和相机(200 g)、电机和桨(6×100 g)，起飞质量在 2020 g 左右。假设根据厂家给出的数据，电机和桨搭配且在 30%的输出功率时，拉力是 300 g，飞行效率是 13 g/W，在 50%的输出功率时拉力是 500 g，飞行效率是 10 g/W，在 80%的输出功率时拉力是 800 g，飞行效率是 7 g/W。根据 2020 g 起飞质量可知，每个电机的输出拉力应在 340 g 以上才能实现悬停，那么可以根据厂家给出的参数保守推算，在输出 340 g 的拉力时，飞行效率约为 12 g/W。明确所有参数后，可推算该配置大概的续航时间。

$$续航时间=60\div[2020\div(5\times14.8\times12)]\approx26.38(min)$$

所以理论上这套配置的无人机可以飞行 26.38 min，但最后剔除一些电池放电是否能达到标称值、电机参数是否存在虚标、桨的标准程度等因素，保守估计应该会有 20 min 的悬停时间。

(2) 方法二(适用于调试)

飞行效率＝起飞质量÷[(60÷续航时间)×电池实际容量×电池电压]

例如：接上例，起飞质量 2020 g，悬停 18 min，充电量为 4500 mAh(充满)，那么实际飞行效率是多少呢？

$$飞行效率=2020\div[(60\div18)\times4.5\times14.8]=9.1(g/W)$$

所以飞行效率应该是 9.1 g/W，对比厂家效率表，此时效率明显偏低。出现这个结果的原因可能是厂家虚标了，或是无人机结构上存在不合理的地方增加了内耗。

# 第3章　多旋翼无人机检测方法

## 3.1　装机测试

多旋翼无人机构造简单，相对直升机调试容易，对操控员基础知识要求大大降低，因此在航模爱好者中广泛流行。流行同时，因为飞行门槛降低，很多不具备足够经验的新手在安装过程中缺乏相关知识，摔机事故频发。针对目前绝大部分装机用户存在的测试盲区和忽略的细节，本章将进行诠释和补充。

### 3.1.1　选择机架

镂空过多、中心板薄、电机臂碳管过小的机架会带来无法消除的震动，使航拍画面出现明显水波纹，影响影像质量，还会干扰飞控系统，产生高强度信号噪声，进而影响姿态数据采集和动力输出效率。若无人机起飞质量大于4 kg，建议电机臂碳管直径不小于16 mm，机架碳板厚度为1.5 mm。

市面上不少碳纤维机架边缘过于锋利，若不加以处理，长时间与线材摩擦，会造成绝缘皮破损，甚至短路。当动力线、信号线等需要穿越碳纤维机架边缘、开槽、开孔处时，建议用胶布先覆盖线材需要穿越区域或套上蛇皮管，保护线材绝缘皮，防止磨损。若能再次打磨机架边缘并用502胶水封边，则效果更佳。

### 3.1.2　选择接收机

至少为无人机准备脉冲编码调制（pulse code modulation，PCM）或2.4 G接收机，脉冲位置调制（pulse position modulation，PPM）接收机基本无法用于多旋翼无人机。不管调整如何精细，PPM接收机抗干扰能力弱，易出现抖舵的特性，都会使所有努力付诸东流。若没有失控保护或没有稳定失控保护触发（部分二次变频PPM接收机虽支持失控保护，但触发不稳定），都会导致丢机和摔机。飞行前务必在未安装螺旋桨时，测试关控后飞控是否进入正确状态，接收机失控保护是否正确运转。

商用数传电台具备抗干扰、支持跳频、带数据校验和冗余等优势，在数据回传、失控保护方面也非常稳定，配合飞控支持的地面站能定航点、定航路完成预定任务，同样是好选择。APC250 之类稳定性欠佳的低端定频数传，则不建议采用。

市面上流行的飞控，如 NAZA、Wookong-M、SuperX、X4、X6，在遥控器校准界面皆可观察接收机的舵量输出。如果未打舵情况下存在通道跳动，那么接收机质量欠佳或电位器已经磨损，这将导致抖舵。未排除故障前，不建议做任何校准和飞行。

### 3.1.3 接收机天线摆放

天线摆放的重要性，仅次于选择质量优良的接收机。就市面流行的接收机而言，存在 FM、2.4G、433M、900M 几种天线。统一遵循的摆放原则是，尽可能远离信号发射和接收装置，尤其是远离图传、碳纤维材料和金属部件。建议使用泡沫材料将天线与碳纤维材料隔开 3～5 cm。FM 天线摆放需避免缠绕、重叠，尽可能舒展天线长度。在确保不会缠绕到螺旋桨的情况下，让天线耷拉在机体下方一段距离。433M、900M 接收天线需垂直于地面，2.4G 两根接收天线互为 90°角摆放。

以 Futaba 接收机为例，其说明书明确指出接收机应远离碳纤维、导体，接收机与碳纤维材料应隔开 15 cm 以上距离。当然，这在多旋翼无人机上是很难做到的，但应尽所能为接收机创造良好的信号接收环境。

### 3.1.4 电机与电调匹配

目前市面上销售的多轴电机产品，都会提供电机搭配各种桨在不同油门下的测试曲线图或表格。按最大推荐螺旋桨配置，并以 100%油门运行时消耗的最大电流的 1 倍左右来配置电调，只要无人机不超载，即可保障系统安全运行。例如，朗宇 X4112S 搭配 DJI 15X5 碳纤维桨时，最大电流可达 17 A，配置 30 A 电调就能满足需要。

需要注意的是，电机连接电调尽量不使用香蕉头，焊接能消除接触不良的隐患。电调延长电源线只需采购与电调相同号数的硅胶线即可，多之无用。并联到插头时需要采用更高电流规格的硅胶线，常用硅胶线在 12～14 号之间。

电机与电调的兼容适配和测试是一大难题，且电调输出交流相位与电机的不匹配会导致严重后果。在常规飞行和负载情况下，很多电机与电调的不兼容表现不明显，甚至一些无人机在多次全负载低温和航线下也能顺利飞行，但在做大动做时才显露问题，如瞬间一个或多个电机驱动缺相，导致无人机直接跌落(排除电源接触不良，香蕉头接触问题等)。

例如，某型号电调与双天盘式电机存在严重兼容性问题，启动后电机会发出明显的转动异响和啸叫，1 min 内电机滚烫，且其中一个电机线圈开始冒烟。

要完全杜绝和排除此问题也较困难，因在航模民用领域，多旋翼无人机几乎都是开环结构，无法检测到每个电机转速是否正常。若单独给每个电机安装转速计和电流计进行测试，则成本又太高。

测试电机与电调兼容性的方案如下：

在地面拆除螺旋桨，以姿态或增稳模式启动，启动后将油门推至 50%，大角度晃动机身、大范围变化油门量，使飞控输出动力。仔细聆听电机转动声音，并测量电机温度。测试需要逐渐增加时间，如电机温度正常，一开始测试 30 s～1 min，后递增。以上测试并不能完全杜绝电机与电调兼容性问题导致的摔机，只能在一定程度上降低可能性。

### 3.1.5 选择动力电池

目前，航模用多旋翼无人机总电流一般不会超过 100 A，选择 10～30 C 放电能力的锂电通常可满足需要。但考虑到 1 m 以上或小轴距上下双桨结构、异形机架的电流需求变化起伏大，最精确的做法还是用高安数电流计计算所需电池充放电倍率。

电池容量乘以放电量即可得到电池持续放电电流，以最常见的 XAircraft X650 为例，4S 动力配置如选择 25 C 5000 mA 4S 电池，持续放电电流可达 125 A，完全满足无人机需要。

值得注意的是，市面部分动力电池存在虚标、掉电压、虚焊等严重问题，尽量选择知名厂家的优质电池，避免空中掉电、摔机造成更大损失。

如果无人机需要携带较重的云台、摄影、数据采集设备，那么最好选择低放电能力但能满足动力电流需要的高密度轻量化电池。更可考虑双电源输入，双电池并联供电，增添一重保险。

### 3.1.6 小心检查电机轴机米螺丝和卡簧

某型号电机，固定电机轴的两颗机米螺丝若未打螺丝胶，用螺丝刀可以很轻松拧下机米，飞行中很可能造成电机轴打滑。

建议卸下每个机米，自行打螺丝胶安装(模型直升机组装一般需打螺丝胶)，并确认电机轴卡簧是否紧密。

### 3.1.7　信号线与电源线的处理

对于每个电机供电电调的舵机信号插头，在有条件和基础的情况下，把舵机信号插针从塑料插头中取出，给信号线加上焊锡，并与信号插针融为一体再插回，确保没有松动可能。焊锡用量需恰到好处，且不可影响插针插入至原始深度。所有焊接务必等待焊锡 10 s 左右冷却，才可确保牢靠，再用热缩管缩紧。所有接头处，尽量打胶固定，不管是 BEC、GPS，还是图传，都有松动的可能。

强烈建议勿使用任何转接头，以正品 XT60 插头为例，其具备耐持续放电电流为 80 A，是 1 m 轴距以下四轴、六轴插头基础配置。更大的多轴无人机可能需要配备 100～150 A 耐持续放电规格的插头。

当需要用动力电池并联供电时，务必选择铜箔厚度达标的产品，且焊接时需要用高功率电烙铁以防散热面积大，焊接温度不足引起虚焊。不推荐使用动力电池并联板供电的方式，因多轴无人机为减轻质量，以碳纤维板为机架主要材料，摔机后破损的碳纤维碎片、变形并联板可能直接导致短路，使设备遭受不可逆的损毁。留有长度余量的动力电硅胶线并联则可一定程度上规避短路。

### 3.1.8　油门行程确认

在有条件和基础的情况下，尽量制作与轴数相同数量的信号并连线，同时对所有电机进行油门行程校正。校正后，使用遥控器的油门微调逐加，直到所有电机同时运转，再逐减油门微调，直到所有电机同时停止，以此验证每个电机的油门行程都精确一致。在逐个给电调加电校正油门行程情况下，有可能会出现其中某个或多个电机微调级别启动不一致的情况，需重新校正油门行程，直到所有电机同步启动和停止。若已接驳飞控，则需手动模式启动，同样验证所有电机启停是否一致。

### 3.1.9　电调设置

新电调到手后，建议根据说明书复位电调设置一次，然后将低压保护设置为最低电压、关闭电调刹车、定速。设置完毕后，在未安装螺旋桨的情况下，再次确认每个电机的转向是否与飞控说明书中对应的多轴无人机电机转向一致。若飞控调参软件有电机测试功能，则应逐个测试电机是否轴位正确，转向相符。

### 3.1.10 校正电机座水平和测量每个电机臂与中心板的轴距

有条件的情况下，可使用数字角度仪测量每个电机座与中心板的角度是否完全水平。没有数字角度仪亦可采用气泡水平计，当然这样测量精度略差。之后，测量每个电机臂与中心板的轴距是否一致。以上校正是为了消除低效的动力输出和电机自身角度误差带来的额外能量消耗。

### 3.1.11 失控返航设置

失控触发通道的接线需注意牢靠，飞控原配线材质量一般不错，安装后打胶能保证可靠连接。若接收机出现接触不良，则飞控无法接收到接收机的失控保护输出，进而导致摔机。目前，飞控是否进入失控保护状态，进而触发返航，都建立在接收机失控信号稳定输出到飞控基础之上。但未来值得期待飞控生产厂家完善软件，设计在没有接收机失控保护信号输出的情况下，通过判断遥控器 TX 信号是否稳定来决定是否开启返航。在未安装螺旋桨的情况下，正确设置和验证失控返航。市面流行的飞控触发失控返航，以单通道触发为多，但也有采用多通道的。DJI Wookong-M 需要油门通道 15%以上，飞控 U 通道设置为特定舵量才能触发，因此需要两个通道正确设置失控返航。设置后，通过调参软件可在地面验证设置，关闭遥控器确认效果。

### 3.1.12 平衡机架中心板

以四轴为例，安装云台、图传、动力电池后，以两把螺丝刀为起具，抬起中心板横向两边中点，以无人机中心板可水平抬起为准。如有某一方倾斜，需调节动力电池或云台位置，以使无人机中心板达到平衡，避免重心问题导致的额外动力开销。

### 3.1.13 试飞、电机测温

试飞最好选择无风天气，尽量以姿态模式脱控 1.5 m 左右定高飞行，切勿使用 GPS 模式试飞。

试飞时长需要根据动力配置和载重而定，约达到飞行总时长 50%后降落(设定电压报警器为每个锂电电芯达到 3.9 V 时告警并降落)，随即使用非接触式测温计对每个电机进行测温并记录，每个电机温度偏差应在 10%以内。若有较大偏差，则需单独检查电机、配平螺旋桨、查看桨座是否打滑等。

### 3.1.14 震动指数监测

对于部分内部可存储震动数值的飞控，调试起来较为方便。部分飞控则无此功能，需要借用其他有震动数值显示的固定翼飞控来完成。震动大的机器会导致飞控传感器被噪声淹没，无法稳定飞行，甚至失控。在飞控不支持震动数值记录的情况下，硬挂 1080P 设备录像，在计算机上全屏回放就能明显察觉。有的螺旋桨需人工有限补偿静平衡，而动平衡校正需专业设备和经验。

### 3.1.15 飞控数据分析

试飞后，若飞控支持内部数据记录，可分别对电机动力输出量、GPS 信号、电池电压放电、姿态变化曲线进行记录。市面上，支持外加组件或内置数据记录的飞控，如 DJI Wookong-M(必须购买 IOSD 才可记录数据)、XAircraft SuperX(内置数据记录)、零度 X4\X6(内置数据记录)，都可连续记录每个电机动力输出量、GPS 信号质量、电池电压、姿态变化。特别值得赞许的是，XAircraft SuperX 黑匣子功能(无须额外花费)能够呈现较为完整和直观的各飞行数据图表功能，电机臂安装偏差问题、负载情况、震动值、电压波动、GPS 信号等一目了然，在多轴航模飞控产品中给出了最详尽的分析数据，新手学会看数据图表也能解决大量问题，排除故障也轻松了许多。

多旋翼无人机相对直升机而言结构简单，能排查的故障点并不多，一些罕见的莫名翻摔和飞离，可能源于飞控厂家不可靠的软、硬件。

为减少炸机，应尽量做到以下几点：

① 如无必要，不要安装 GPS 飞行。有的飞控易受干扰，地磁罗盘是一些问题的根源。只要接入 GPS 模块，地磁器件的数据就会参与到姿态模式和 GPS 模式下，所以用姿态模式会引发横滚或方向不可控而炸机。

② 如必须安装 GPS，尽量不使用 GPS 模式，而使用姿态模式飞行，但起飞仍需 6 颗卫星以上，并等待记录返航点。换场地必重新校准地磁。

③ 如非万不得已，不要使用失控返航。对于使用依赖地磁、易受各种干扰的飞控，无人机难以安全返航。

④ 尽可能安装 IOSD MARK 记录飞行数据。如事故后找回无人机，并发现 IOSD MARK 完好，检查出飞行数据没有任何异常，可作为索赔的依据。如果飞行数据没有问题，产生的损失可能会获得赔偿。也就是说，若用户没有安装 IOSD MARK，或设备不支持安装 IOSD MARK，又或安装了 IOSD MARK，但

找回了无人机后发现飞行数据已损坏，抑或安装了 IOSD MARK，但事故后无人机无法找回，以上这些情况下一旦发生事故，用户均无法获得赔偿。

⑤ 超视距飞行时，建议关闭电压保护功能。

下面以两个相对最容易出故障点的数据来举例说明：

a. 电机动力输出量。在无风情况下飞行时，每个电机的输出量是接近的。如果偏差超过 20%，首先排查无人机重心，其次查看桨是否打滑。如果全载重后仅悬停，每个电机的输出量都在 80%以上，此时无人机动力已经接近饱和，无人机大动作后超载会导致不可预见的结果。

b. 电池电压。如果放电电压不是线性下降，而存在瞬间跌落超过 2 V 或以上，比如 4S 锂电作为动力电池，动力电池在某个点从 15 V 下降到 13 V，表明某电芯可能接触不良，无人机如果再没有动力富余，会产生突然下降甚至摔机。

### 3.1.16 排除磁性物体

现阶段多轴飞控都采用地磁技术来提升定点稳定性，但地磁受干扰因素较多。在安装无人机时，务必检查天线、安装盖等是否有磁性，有磁性的部件需要移除，以避免干扰飞控系统。

### 3.1.17 下降晃动问题

非变距多旋翼无人机依靠螺旋桨转速变化来维持姿态的稳定，因此下降时需控制下降速度。一般来说，若垂直下沉率高于每秒 3 m，机体会出现严重晃动；若遭遇有风天气，无人机甚至会直接翻掉。因螺旋桨输出动力减弱，自身姿态难稳定，再受外部自然因素的影响，下沉时应严格控制下沉速率。条件允许时，考虑借鉴固定翼无人机的降落方式，采用一边前行一边逐步降落的方式，可减轻下沉时的机体晃动。飞行时，风力等级越大，下沉率应越低，反之亦然。拥有正负可变螺距范围的定速/非定速多旋翼无人机，无须考虑此问题。

### 3.1.18 飞行环境问题

当前，由于民用多旋翼无人机控制器陀螺精度有限，各厂家普遍采用相对简单的 GPS 与地磁罗盘数据融合方案来实现定点悬停功能，而金属物体、大功率无线电设备（如手机信号基站）、富含矿物的山体、建筑物都可能对地磁产生干扰，从而产生飞行偏航、GPS 模式下不受控、无法触发失控返航等故障。

因此，存在干扰隐患的区域应尽量避开，或只采用姿态模式飞行。

# 3.2 室内检修

## 3.2.1 面观

面观检修应包括以下几点。

① 机架是否歪斜。

② 桨面是否有瑕疵、磨损、断裂，或者明显的明纹裂痕。

③ 电机是否歪斜，电机及其内线是否有熔断、异物残存问题。

④ 电调外包装是否完整，是否有破裂、烧痕或者烧焦味道。

⑤ 飞控连接线是否有序，同等接线口布局是否合理，有无明显异类线色[①]。

⑥ 飞控安装是否水平，整体板子是否有熔断、烧焦，元器件焊接有无凸起。

⑦ 各个焊接点是否有明显断裂，焊锡点是否变形。

⑧ 遥控接收机天线是否有裂痕，是否有拉伸痕迹，接收机接线色是否整齐、无异类线色。

⑨ 电调接线板焊接是否松动，要及时清除接线毛刺、灰尘，以免连电。

⑩ 对于所有接线处，比如插针、香蕉头、T 插等，检查是否有拉伸痕迹，是否熔化。

## 3.2.2 手动

手动检修应包括以下几点。

① 用测试力[②]轻轻地拨动或者拉伸。

② 用手轻轻晃动机架，掰动相邻两个臂，检查有无松动。手拿一个臂在空中晃几下，然后双手各拿一个相邻两臂进行掰动，检查有无松动。如果有脚架，晃动脚架判断是否松动。把带脚架的机架放到地面，用手大力推一下，然后在离地 20 cm 处，地面有纸板铺垫的情况下下落几次，检查架腿是否歪斜。

③ 手握住电机，或者把桨放在手上，握住一头桨，弯曲桨面 30°，检查桨面是否有裂纹明纹，然后再换另一头。

---

① 航模接线颜色一般是黑红白或者棕红黄，用于区别线路接线。安装时，一条线路上线颜色一致。安装错误的线路会比较明显，因此取名异类线色。

② 测试力，即小力度，类似弯折一个易拉罐的力道。

④ 手握住电机所在臂，轻轻晃动电机桨座或者子弹头，查看整体是否松动，螺丝是否拧紧；接着握住电机底座，再次晃动电机桨座或者子弹头，检查是否有松动。

⑤ 电调接线连着接电机、飞控、接线板，轻拉几下，查看周围接线是否牢固。

⑥ 手指捏住飞控板侧面，轻轻晃动，检查飞控是否牢固；电调接线板上的线，都要用手轻轻晃几下，检查是否松动。

⑦ 将接收机朝下，一只手握住接收机，另一只手轻拍握机部位，检查接收机的插针是否有松动。

⑧ 对于所有接线处，比如插针、香蕉头、T 插等，如果是已经插上牢固的就轻轻拔一下看是否松动；如果是需要经常插拔的，如电池接口，多插拔几次检查。

### 3.2.3 闻声

闻声检修应包括以下几点。

① 握住机架，掰动相邻两个机臂，仔细听固定机架螺丝是否松动，同时留意机臂固定处发出的声音是否无异常。

② 对于安装在电机上的桨叶或裸桨，用一只手握住桨叶中心部位，另一只手弯曲一个桨面边缘部分 30°，然后迅速松手，听声音，接着再试另一面。一般塑料桨整体完整，无内伤或者外伤裂痕时，听起来声音厚实有力，弹性十足。

③ 用手转动一下电机上的桨叶，注意听电机的声音。正常的电机转动声音是浑实有力的。若声音听起来生硬或者声音发脆，甚至能听到内部有明显的咯嘣声音，转起来不圆润、连续，那么说明电机内部可能出现了问题。

④ 将整体架子放到手上，握住其中一个臂，来回轻轻晃动，通过声音判断线路是否固定好或机内是否有杂物晃动。

### 3.2.4 综合测试

综合测试包括以下几点。

① 单独给飞控供电，检查是否有异常；按照飞控飞行说明书，检查指示灯是否正确闪亮，遥控与飞控对接是否正常。

② 不给飞控供电，将四个电调线分别接到接收机油门处，轻推油门，检查是否有明显反应慢甚至异响。

③ 将遥控放置稳定处，无人机放在一个周围空间相对宽广，至少周围能有 50 cm 活动范围的区域。然后通电，实行遥控飞控对接。将油门设置为低油门

状态，按照所用飞控的品牌，进行异常情况的检查。

④ 轻推油门，使油门逐渐升高，听电机转速，并观察飞控指示灯的状态，将油门推至五分之三处，观察情况。

⑤ 持续运行 1 min 左右后停止供电，用手摸一下电机、电调、电调接线板、飞控板、线路连接部、电池线、电池插口等处，检查一下温度，是否烫手。

⑥ 如果温度有异常，无须测试本条。如果上一条温度正常，再次对机器供电，打开油门，将油门调至低处，然后推到五分之三处，保持 5 s，迅速将油门拉回。如此重复两三次，然后将油门固定至中间位置，停留 10 s。迅速断电，检查温度是否异常。

⑦ 上两条温度异常需要及时检修和更换。例如，仅有电池接线滚烫，那么就是硅胶线无法负荷如此强的电流，需要及时更换。仅有电机与电调温度很热，而不是烫，建议以后飞行不要做大载重、超负荷动作。仅有电调与电机接线处滚烫，建议检查是否有虚焊现象。开机后，留意电调 1、2、3 相序声音是否一致，若听到有某个声音短缺，及时检查线路接线情况。开机后，若某个电机出现重复或者断续的相序声音，那么请检查焊接处是否松动虚焊。

## 3.3　场地选择及飞行守则

### 3.3.1　场地选择

① 飞场位置。尽量选择郊区野外，确保方圆几百米内无任何交通要道、居住地、活动场地等，坚决避开高压线、移动信号站及军民用雷达站等区域。

② 飞场环境：周围尽量以草坪或者松软土质等为主，尽量选择草地，规避湖泊、小河流、积水区域、树木等，选择视野开阔、地面平坦区域。

③ 飞场天气：尽量在晴天、无大风情况下起飞，红旗迎面展开时，大四轴无人机不可盲目起飞，最好不要起飞。红旗极尽飘起时，小四轴无人机尽量不要盲目起飞。

④ 飞场空域：若无人机多，则尽量单独或者划定空域飞行，以免相互干扰。

⑤ 操作环境：地面平坦，利于操作者小幅度移动，防止摔跤。操作者周围无无关人员，防止对操作者进行干扰。

⑥ 人群安排：如若有围观人员，尽量将围观人员安置在面向飞行空域的操

作者身后位置。如有儿童，尽量不要起飞，其监护人必须对其孩子行为负责。不允许飞行过程中回答围观者提出的问题，否则予以清场、换场。

### 3.3.2 飞行守则

① 起飞过程发现异常，应立即停止起飞。已经起飞后发现异常，应立即进行回落甚至迫降。

② 飞行过程应专注，切勿进行喝水、与旁人交谈等非飞行操作。

③ 佩戴遥控挂带，规范操作动作，手切勿随意离开控杆。

④ 如果无人机出现迫降甚至失控，一定要选对参照系，方便寻找。

⑤ 迫降或者失控，尽量选择在空旷的有草地或者不高于两米的灌木丛等地方，以减少损失。

### 3.3.3 场飞检查

1. 装机

一般场外装机的前提是飞控已固定，各个插拔环节标记已简化，抵达场地后只需进行组装飞行操作。

① 组装好后晃动一下，注意是否有异响或晃动，及时清理杂物，归整线路。

② 握住相邻两个机臂并掰动，检查是否松动。

③ 检查电机内是否有异物，转动带桨叶的电机，注意是否有异响。

④ 轻轻拉一下线路连接部，查看连接是否有松动。

⑤ 握住电机，用手推桨面，检查安装是否牢固。

⑥ 通电，小油门推一下，整体旋翼转动，检查是否有异响，桨叶转动是否平稳。

⑦ 在不起飞状态下，将遥控各个通道及功能尽量提前试一下，看是否有异常。

2. 热机

① 第一块电池进行装机测试后，远离 10 m 以上，周围无人靠近，慢推油门起飞。

② 将旋翼固定在 10 m 范围内，不超过 3 m 高度，切勿猛推油门，整个过程，必须平缓推油门进行热机，同样检查有无异常。

③ 待飞行两三分钟后降落，检查各部分温度，检查是否有桨松、螺丝松等现象。根据飞行过程出现的状况进行检修。

3. 收场

① 降落后，必须先关无人机电源，然后切断遥控电源。

② 检查各个部分的温度，留作记录。

③ 将电池拿下后，放到阴凉地进行降温、冷却。

④ 待降温后，检查无人机是否有问题，便于后续检修。

⑤ 电池冷却后，将电池插口进行封闭，防止异物短路。

⑥ 如果拆机，需要对各部分做好标记。如果提机直接回家，请握住一个臂空处，手提回家。

### 3.3.4 保养守则

无人机是需要保养维护的，日常使用和长期闲置保存时均需注意。

1. 日常检修

① 电池检查：电池体积是否有明显变化。

② 电机维护：电机内异物检查，清洁轴承，注意上油。

③ 飞控检测：飞控表面清洁线路是否老化，元器件有无虚焊、热熔等异常现象。

④ 电线排查：电线是否有变形，比如受热冷却后呈蛇形。电线接口是否有异物、氧化等问题。

⑤ 机架与螺母检查：机架是否变形，螺母是否有滑丝等现象。

⑥ 线路固定：关于整体线路包扎，电线及接口固定等一定要牢固，若有断裂松动，须及时更换。

⑦ 标识检查：标识是否牢固。

⑧ 部件除尘：对电机、飞控等灰尘敏感部件，进行灰尘清理，对灰尘等要及时清除、清扫干净。

2. 长期闲置保存

① 电池处理：电池尽量用平衡充放电或者充电至 3.8 V，然后存放于阴凉、干燥、密闭处；注意电池插口要防氧化，插头处注意干燥，有条件可以封装。

② 飞控封存：飞控放入密闭袋子封存，确保插头处干燥。

③ 电机封存：电机内部要进行除污、上油；对外壳字体，尤其是刀刻字上油，否则容易氧化，字体刻处容易生锈。

④ 电调封存：妥善存放电调。

⑤ 桨叶存放：用塑料纸、布或者泡沫片间隔包裹桨叶，放置在无挤压、避光区域。

⑥ 机架保存：将机架悬挂起来，依据材质合理保存。

# 第4章　多旋翼无人机相关技术要求

## 4.1　锂电池使用注意事项

对于锂电池的“激活”问题，有的说法是：充电时间一定要超过12小时，反复操作三次，以便激活电池。这种“前三次充电要充12小时以上”的说法，明显是从镍电池（如镍镉和镍氢电池）的充电方法延续而来的。这种说法，可以说从一开始就是误传，只是部分人混淆了两种电池的充电方法。

超长时间充电和完全用空电量会造成过度充电和过度放电，这会对锂离子电池的正负极造成永久性损坏。从分子层面看，过度放电将导致负极碳过度释放锂离子而使得其片层结构出现塌陷。过度充电将把太多的锂离子硬塞进负极碳结构，而使得其中一些锂离子再也无法释放出来。这也是锂离子电池通常配有充放电的控制电路的原因。

锂电池的前三次充电正确方法和注意事项：

① 前三次充电的时候完全没有必要进行超长时间（如12小时）充电来激活电池，充电电路本来就有保护机制。

② 锂电池长时间放置未用或者频繁即充即用一段时间后，可进行一次完全的充放电，之后电池就可以即用即充。只有在长时间使用后才需要再次进行完全充放电来重新校正。如果要长时间不用电池，建议充电到40%再进行放置，或者参看每片电芯的电压，3.75～3.85 V是最佳的保存电压。如果长期不使用，最好将电量降下来，以便保护电池。

③ 锂电池的寿命主要体现在充放电周期上，这个周期是一个绝对概念。例如，上次使用30%电量后充满电，下次使用70%的电量后再充满电，这刚好是一个充电周期。

## 4.2 机体及外围零件

1. 螺旋桨四个数字的含义

对于2叶螺旋桨，“8060”表示桨长度8 in、螺距6 in；1060表示桨长度10 in、螺距6 in。

螺距是指螺旋桨转动一周，能够前进的距离。可以把螺旋桨的转动想象成一颗螺丝的转动情况，螺丝每转动一圈都会有前进量，螺旋桨亦然。

2. 多旋翼无人机通电与开关使用情况

航模通电不是都不能用开关，如无动力的遥控滑翔机的接收机电源可以用开关。小型电动自由飞模型也可以用开关。对于使用10 A以上电调的电动模型，就无法使用开关了。原因在于，需要接通和断开的电流太大，小型开关无法胜任。能够安全接通的分断10 A、20 A及更大的电流的开关，又大又重，模型已经无法安装。

3. 两根接收机天线的摆放

一般双天线采用差分接收方式，因为这种天线的最佳接收角度是与天线垂直的方向，所以两根天线呈90°摆放可以基本保证无死角，达到最佳遥控距离。

4. 关于相机的基础知识

(1) 传感器尺寸

全画幅：当相机过渡到数码时代时，人们延续了胶片时代的标准，将采用与135胶卷相同尺寸的感光元件的数码单反相机称为“全画幅数码单反相机”。所以全画幅数码单反相机的感光元件尺寸为36 mm×24 mm。例如，1/1.8 in的电荷耦合器件(charge coupled device，CCD)，将1/1.8 in换算成以毫米为单位，约为14.1 mm。但1/1.8 in CCD的对角线真的有14.1 mm吗？1/1.8 in CCD的对角线的实际长度只有8.93 mm，那剩下的5.17 mm呢？

其实，以这种方式标示出来的大小和实际大小的差异在于，1/1.8 in不是传感器的大小，而是真空管的尺寸。1/1.8 in的形式是从1950年开始，为了表示真空管的尺寸而使用的，所以这里的1/1.8 in指的不是传感器对角线的长度，而是它周围一圈真空管的直径长度。为了帮助理解，真空管和传感器在尺寸上没有直接关系(表4.2.1)，但CCD的面积约为真空管实际有效面积的2/3，所以至今仍采用的是真空管直径表示方法。

**表 4.2.1 各摄像头参数**

| 格式 | 宽度/mm | 长度/mm | 对角线/mm | 面积/$mm^2$ | 焦距系数 | 代表机型 |
|---|---|---|---|---|---|---|
| 中画幅 | 33.0 | 44.0 | 55.0 | 1452 | 0.7 | 宾得 645D |
| 全画幅 | 24.0 | 36.0 | 43.4 | 864 | 1.0 | 全画幅单反 |
| Red Epic | 14.6 | 27.7 | 31.3 | 404 | 1.3 | Red Epic |
| 35 电影机 | 13.7 | 24.4 | 28.0 | 334 | 1.4 | Red One |
| Super 35 mm | 13.8 | 24.6 | 28 | 339 | 1.4 | 佳能 C300 |
| APS-C | 15.6 | 23.6 | 28.3 | 368 | 1.5 | 其他 APS-C 格式单反（除佳能外） |
| | 14.9 | 22.3 | 27.3 | 329 | 1.6 | 佳能 APS-C 格式单反 |
| 1.5 in | 14.0 | 18.7 | 23.4 | 262 | 1.9 | 佳能 G1X |
| 4/3 | 13.5 | 18.0 | 22.4 | 243 | 2.0 | 4/3 及 M4/3 相机 |
| 尼康 CX | 8.8 | 13.2 | 15.8 | 116 | 2.7 | 尼康 1 系列 |
| Super 16 | 7.4 | 12.5 | 14.5 | 93 | 3.0 | Super 16 胶卷 |
| 2/3 in | 6.6 | 8.8 | 11.0 | 58 | 4.0 | 富士 X1 |
| 1/1.7 in | 5.6 | 7.4 | 9.5 | 42 | 4.6 | 佳能 G12 |
| 1/1.8 in | 5.3 | 7.2 | 8.9 | 38 | 4.8 | 高端便携相机 |
| 1/2 in | 4.8 | 6.4 | 8.0 | 31 | 5.4 | 摄像头 |

（2）分辨率

相机的最大分辨率可以通过查阅对应说明书获取。

例如，Panasonic FX33 的最大分辨率为 3264×2448。

（3）等效焦距

等效焦距见镜头说明文字。

例如，Panasonic FX33 等效焦距为 28 mm。

（4）实际焦距

在知道传感器尺寸后，可以得到“焦距系数”。有的镜头也会注明实际焦距。

$$实际焦距=\frac{等效焦距}{焦距系数}$$

焦距系数，也可以根据传感器尺寸计算得出。

例如，Panasonic FX33 根据计算得到的结果是 28 mm/6.0≈4.67 mm，镜头

上注明实际焦距为 4.6 mm。

(5) 相对高度

相机离地面的相对高度会影响拍照区域和分辨率。

(6) 地速

如果地速过快，而且相对高度过低，重叠率过高，可能会受相机拍摄速度的影响而无法及时拍照。

(7) Overlap 值

Overlap 值指连续 2 张照片的重叠率，受相机拍摄速度影响。如果拍摄速度达不到要求，可以减小 Overlap 值。

(8) Sidelap 值

Sidelap 值指相邻 2 条航线的重叠率。过大的 Sidelap 值将需要更多的航线，更长的续航时间。

(9) 计算分辨率

$$照片尺寸=\frac{传感器尺寸}{实际焦距}\times飞行高度$$

$$分辨率=\frac{照片尺寸}{传感器像素}$$

例如，Panasonic FX33 在 100 m 时，照片尺寸为

$$4.3\ \text{mm}/4.6\ \text{mm}\times100\ \text{m}\approx93.48\ \text{m}$$

分辨率为

$$93.48\ \text{m}/2\ 448\ \text{pixel}\approx3.82\ \text{cm/pixel}$$

## 4.3 脉宽调制概述

脉宽调制(pulse width modulation，PWM)，是一种开关式稳压电源应用，是利用微处理器的数字输出对模拟电路进行控制的一种非常有效的技术。

以额定 100 r/s、12 V 的直流电机为例，通上 12 V 直流电，它的转速就是 100 r/s。若想让它转慢点，如 50 r/s，可以通过降低供电电压来实现。比如把电压降到 6 V 左右，可以达到 50 r/s。但是，此时的电机本身电阻发烫，能耗很高，输出的扭力也变小。是否可以实现转速慢下来了，而扭力依然不变呢？这就需要通过 PWM 技术来实现了。

这种技术，通俗来讲，就是在单位时间内，让电机通电一会，断电一会，即利用占空比（占空比＝脉波高电位的时间/脉波周期）来控制电机转速。

例如，1 s 高电平、1 s 低电平的 PWM 波，占空比是 50%。12 V、100 r/s 的直流电机的理论转速就变为 50 r/s。这样，从长时间来看，与降压是没有什么区别的，但是有很多好处。比如，通电时电机处于额定电压，输出功率也正常，而相比直接降低输入电压来说，系统不会产生过多的能耗。

PWM 信号被广泛用于舵机控制，但是它有一个明显的缺陷，就是有多少个舵机就有多少个控制线路。而很多时候不希望出现太多的控制线路，特别是遥控器的无线信号，只可能有一路通信传递多路舵机控制信息。于是脉冲位置调制信号就诞生了。

脉冲位置调制（pulse position modulation，PPM）是一种脉冲位置根据被调信号的变化而变化的调制方法，或是一种编码方式。遥控器把各个通道的信息采集过来，比如油门通道，在最小的时候设定为 1 ms，而最大的时候设定为 2 ms，然后把各个通道的 1～2 ms 的信号加在一起，每个通道中间用 0.5 ms 作为间隔，所有通道都加起来，再在最后加一个比较长的信号（同步头），并将所有的信息加起来，然后再传给发射模块，发射模块处理后发射出去。这种编码方式，就称为 PPM。遥控接收器接收到遥控器的 PPM 信息后转化为 PWM 指令。电调可直接接收遥控接收器发出的 PWM 指令，并做出简单转速调整，也可接收经过飞行控制器（如 KK、Naza、APM、Pixhawk 等）运算后发出的 PWM 指令，配合无人机做出一些手动难以完成的高难度复杂动作。

## 4.4 常用的航模术语

常用的航模术语如下：

① 翼展——两机翼尖的直线距离。

② 翼形——机翼的剖面形状。

③ 前缘——翼的最前端。

④ 后缘——翼的最后端。

⑤ 翼弦——前后缘之间的距离。

⑥ 展弦比——翼展和翼弦的比值。

⑦ 机身全长——机头到机尾的直线距离。

⑧ 重心——模型各部分所受重力的合力作用点。

⑨ 尾力臂——重心到尾翼$\frac{1}{4}$弦长的距离。

⑩ 迎角——翼弦与相对气流的夹角。

⑪ 安装角——翼弦与模型横轴之间的夹角。

⑫ 上反角——机翼与模型横轴之间的夹角。

⑬ 风向角——顶风方位与放飞方位之间的夹角。

⑭ 放飞角——模型放飞时，机身立轴与水平面之间的夹角。

⑮ 倾侧角——模型放飞时，机身横轴与水平面之间的夹角。

⑯ 轴距——相对的两个电机轴之间的距离。

⑰ 机翼——产生升力，保持横侧安定。

⑱ 机身——连接飞机各部分，使之成为整体。

⑲ 动力部分——使无人机在空气中运动。

⑳ 起落部分——确保无人机起落安全。

㉑ 垂直尾翼——保持无人机左右方向的平衡。

㉒ 水平尾翼——保持无人机水平方向的平衡。

㉓ 升力——机翼与空气做相对运动时，空气作用在机翼表面产生的上下压力差。

## 4.5 通道、微调、舵机三线

1. 通道

通道这个常用词，有两种意思。一种意思是指遥控设备和无人机所拥有的“通道数”，而本书中“通道”指的是模型里的每一个单独的可操作功能。“单通道”指的是只能提供一种可操作功能，如“方向舵机运动”或“马达转动/停转”，“两个通道”就是方向舵和马达，“三通道”就是方向舵、马达和升降舵。一个典型的四通道遥控无人机会拥有四个最基本的 RC 功能：方向舵、升降舵、油门和副翼。对无人机的通道数没有严格的规定，它只是单纯地由无人机本身来决定。更复杂的遥控无人机也许会有 6、7 或 8 个通道来操作四个基本 RC 功能(AIL/ELE/THR/RUD)，然后加上可收放的起落架、襟翼、降落指示灯、降落伞及相机操作。

2. 微调

微调(trim)是一个必备的接口，用于调整无人机的飞行状态，以消除不必要的倾斜。

3. 舵机三线

一个舵机通常配备三根线(三芯)，分别是电源线、地线和信号线，厂家会用不同颜色来标记这些线(如红色为电源线、黑色为地线、白色为信号线等)。

# 第 5 章　多旋翼无人机航空气象

多旋翼无人机凭借其灵活、便捷等优势，在众多领域得到了广泛应用。然而，作为低空无人机，其运行环境与气象条件紧密相连。复杂多变的气象因素，如地面风、温度、降水、能见度及电磁环境等，都会对无人机的飞行安全和任务执行产生重大影响。深入研究这些气象要素的影响机制，并制定有效的应对策略，对提升无人机飞行安全性和任务成功率至关重要。本章将围绕多旋翼无人机航空气象展开全面、深入的探讨，为无人机操作者提供科学的指导和有力的支持。

## 5.1　地面风系统分析

### 5.1.1　风速影响机制

多旋翼无人机独特的空气动力学特性，使其在飞行过程中对风场变化极为敏感。风对无人机的影响主要体现在空气动力学极限和动力系统响应两个关键方面。

1. 空气动力学极限

不同风速条件下，无人机所受的空气作用力差异巨大。典型的四旋翼无人机在风速达到 7～8 m/s 时，就会出现明显的姿态不稳定现象。这是因为在这样的风速下，风对无人机产生的侧向力和扰动力开始超出其姿态控制系统的有效调节范围。当风速进一步攀升至 10 m/s 以上时，无人机面临的空气动力学环境变得极为恶劣，可能导致完全失控。

风洞试验表明，45°侧风时无人机所需修正功率是正顶风的 1.7 倍。在侧风环境中，无人机不仅要抵抗风的侧向推力，还要通过调整姿态和动力来保持飞行方向和稳定性，这使得其所需的动力大幅增加。如果动力系统无法提供足够的功率，无人机就难以维持稳定飞行，甚至可能偏离预定航线。

2. 动力系统响应

无人机的抗风能力与其推重比直接相关。消费级无人机的推重比通常为 2∶1，专业级无人机则可达 4∶1。推重比越高，意味着无人机在相同风速下能够产生更大的推力来抵抗风的作用力，从而具备更强的抗风能力。

在阵风条件下，无人机的电机转速会出现剧烈波动，波动幅度可达额定值的 ±30%。阵风的突然出现和消失会使无人机瞬间受到额外的冲击力，电机需要迅速调整转速来适应这种变化。然而，电机的响应速度存在一定延迟，在快速变化的阵风环境中，电机转速的波动可能导致无人机的姿态控制出现困难，影响飞行稳定性。

### 5.1.2 风场建模与预测

准确掌握风场的变化规律，对于无人机安全飞行至关重要。这需要了解边界层风场特性，并借助实用的预测工具。

1. 边界层风场特性

在地表 30 m 内，风速存在显著的梯度变化。每升高 1 m，风速大约增加 3%。这是由于地表的摩擦力对风速起到了抑制作用，离地面越近，摩擦力影响越大，风速越小；随着高度增加，摩擦力影响逐渐减弱，风速相应增大。

城市环境和郊区环境由于地形、建筑物分布等因素的差异，风速廓线指数 $\alpha$ 有所不同。在城市环境中，由于建筑物密集，对风的阻挡和干扰作用较强，风速廓线指数 $\alpha$ 通常为 0.25～0.4；而郊区环境相对开阔，风速廓线指数 $\alpha$ 一般为 0.15～0.25。这些差异表明，在不同的地理环境中，风场的变化存在明显不同，无人机操作者需要根据具体环境特点来评估风对飞行的影响。

2. 实用的预测工具

计算流体力学模拟技术可以对建筑群绕流进行精确模拟。通过建立建筑物和周围空气的模型，计算流体力学模拟技术能够详细分析风在建筑群中的流动情况，包括风速、风向的变化及产生的涡旋等。这对于在城市环境中规划无人机飞行路线、选择安全的起降点具有重要意义。

在现场测量风速时，建议使用超声波风速仪。超声波风速仪通过测量超声波在空气中传播的时间差来计算风速，具有响应速度快、精度高的优点。为了准确捕捉风的变化，其采样率应不小于 10 Hz，这样能够及时获取风速的实时数据，为无人机飞行决策提供可靠依据。

### 5.1.3　抗风飞行策略

为了提高无人机在有风环境下的飞行安全性和稳定性，可从控制算法优化和飞行参数调整两个方面入手。

1. 控制算法优化

① 启用动态增益调节模式。该模式能够根据无人机的实时飞行状态和风速变化，自动调整控制器的增益参数。当风速较大时，适当增大增益参数，增强姿态控制系统的响应能力；当风速较小时，减小增益参数，避免控制系统过度反应。这种自适应调整机制有助于提高无人机在不同风速条件下的稳定性。

② 采用前馈反馈复合控制架构。前馈控制能够根据风速的测量值提前对无人机的姿态和动力进行调整，补偿风的干扰；反馈控制则能够通过实时监测无人机的实际姿态，对控制指令进行修正，确保无人机准确跟踪预定轨迹。两者结合，能够更有效地应对风的影响，提升飞行性能。

2. 飞行参数调整

逆风飞行时，将前倾角控制在 15°以内。前倾角过大时，无人机迎风面积增大，受到的风阻力增大，导致飞行稳定性下降，且能耗大幅上升。合理控制前倾角，既能保证无人机获得足够的向前推力，又能降低风阻影响，提高飞行效率和稳定性。

顺风飞行时，预留 20%的额外电量。这是因为顺风虽然能在一定程度上帮助无人机飞行，但在遇到风向突变或需要改变飞行方向时，无人机可能需要消耗更多电量来调整姿态和动力。预留额外电量可以确保无人机在突发情况下有足够的能量维持飞行，避免电量不足导致失控坠落。常见无人机抗风等级对照见表 5.1.1。

**表 5.1.1　常见无人机抗风等级对照**

| 无人机类型 | 最大抗风速度/($m \cdot s^{-1}$) | 等效蒲福风力等级 |
|---|---|---|
| 入门级 | 5～7 | 4 级(和风) |
| 准专业级 | 8～10 | 5 级(清风) |
| 工业级 | 10～12 | 6 级(强风) |

# 5.2 温度影响深度解析

温度对多旋翼无人机的影响涉及电池电化学特性、材料力学性能变化及热管理方案等多个方面，这些影响因素相互关联，共同影响着无人机的飞行性能和安全性。

## 5.2.1 电池电化学特性

1. Arrhenius 方程应用

锂聚合物电池作为多旋翼无人机的主要能源，其性能受温度影响显著。根据 Arrhenius 方程，温度每降低 10 ℃，锂聚合物电池的内阻会增加 15%～20%。内阻的增大意味着电池在放电过程中会产生更多的热量，同时也会导致电池输出电压下降，实际可用容量减少。在－10 ℃低温环境下，电池的可用容量仅为常温 25 ℃时的 40%～50%。这将严重缩短无人机的续航时间，影响其任务执行效率。

2. 低温保护机制

为了应对低温环境对电池的负面影响，智能电池应具备有效的低温保护机制。自加热功能是其中的关键，其升温速率应不小于 5 ℃/min，通过内置的加热元件对电池进行加热，使电池温度快速回升至适宜的工作范围，从而提高电池性能。

双重温度传感器（电芯表面传感器与内部传感器）能够更准确地监测电池的温度变化。电芯表面传感器用于测量电池外壳的温度，内部传感器则可以直接获取电芯内部的温度信息。通过对这两个温度数据的综合分析，能够更精确地判断电池的工作状态，及时启动加热或其他保护措施，确保电池安全、稳定运行。

## 5.2.2 材料力学性能变化

1. 碳纤维结构

碳纤维材料因其高强度、低密度的特性，在无人机结构设计中得到广泛应用。然而，碳纤维结构的弹性模量温度系数为$-0.5\times10^{-6}$/℃，这意味着温度降低时，碳纤维的弹性模量会发生变化。在极端低温（＜－30 ℃）环境下，碳纤维结构内部可能会产生微观裂纹。这些微观裂纹会逐渐扩展，削弱碳纤维结构的强度，降低无人机的结构稳定性，增加飞行安全风险。

2. 橡胶密封件

橡胶密封件在无人机中起着重要的密封作用，防止灰尘、水分等进入机体内部。橡胶密封件的玻璃化转变温度通常在－40 ℃～－20 ℃。当温度低于玻璃化转变温度时，橡胶会由高弹性状态转变为玻璃态，失去弹性和柔韧性，密封性能大幅下降。这可能导致外界的水分、灰尘等杂质进入无人机内部，损坏电子设备，影响无人机的正常运行。

### 5.2.3　热管理方案

1. 主动加热系统

相变材料在温度变化时会发生相变，吸收或释放大量的潜热。将相变材料应用于无人机的热管理系统中，当温度升高时，相变材料吸收热量发生相变，储存能量；温度降低时，相变材料释放储存的热量，为无人机部件提供一定的加热作用，从而维持部件在适宜的温度范围内工作。

石墨烯加热模具有功率密度不小于 1 W/cm$^2$ 的特点，能够快速产生热量。将其安装在电池、电子设备等对温度敏感的部件附近，可以根据需要对这些部件进行加热，提高其在低温环境下的工作性能和可靠性。

2. 飞行策略优化

建立温度-续航时间对照表，通过大量的实验和数据分析，得出不同温度条件下无人机的续航时间。在实际飞行前，根据环境温度查询对照表，提前了解无人机的续航能力，合理规划飞行任务和路线，避免续航不足导致飞行事故。

采用脉冲式放电策略（放电-静置比为 2∶1），在放电过程中适当安排静置时间。静置期间，电池内部的化学反应能够得到一定程度的恢复，抑制电池内阻的增长，提高电池的放电效率、延长使用寿命。这种策略尤其适用于低温环境下的飞行，可以在一定程度上缓解低温对电池性能的负面影响。

## 5.3　降水影响与防护

降水对多旋翼无人机的飞行安全构成多方面的威胁，包括水滴撞击、电子设备损坏及积冰等问题。为了保障无人机在降水环境中安全飞行，需要深入了解相关影响机制，并采取有效的防水技术方案。

### 5.3.1 降水影响

1. 临界降雨强度

螺旋桨作为无人机产生升力和推进力的关键部件，对降雨非常敏感。当降雨强度≥15 mm/h 时，螺旋桨可能会出现失速现象。这是因为大量的水滴撞击在螺旋桨表面，会增加螺旋桨的空气阻力，改变其周围的气流分布，导致螺旋桨产生的升力和推力下降，影响无人机的飞行性能。

2. 电子设备防护等级

电子设备是无人机的核心部件，为了保护其免受水的侵害，不同的电子设备采用了不同的防护等级标准。IP43 等级表示防溅水，能够防止从任何方向溅到设备上的水对其造成损害；IP67 等级则具备短时浸泡防护能力，可以在一定时间内避免设备在水中浸泡时受到损坏。不同的防护等级适用于不同的降水环境，无人机设计者和使用者需要根据实际需求选择合适防护等级的电子设备(表 5.3.1)。

**表 5.3.1 不同防护等级适用场景**

| IP 等级 | 防护能力 | 典型应用场景 |
|---|---|---|
| IP54 | 防尘防溅 | 城市轻度降雨 |
| IP67 | 短时防水 | 沿海区域作业 |
| IP69K | 高压防水 | 暴雨环境作业 |

3. 积冰预测模型

在特定的温度和湿度条件下，无人机表面可能会出现积冰现象。使用 Messinger 模型可以评估积冰风险，典型的危险区间是温度在−10 ℃至 0 ℃，湿度>80%。在这个区间内，空气中的水汽容易在无人机表面凝结成冰，增加无人机的质量，改变其空气动力学外形，降低飞行性能，甚至可能导致飞行失控。

### 5.3.2 防水技术方案

1. 纳米涂层技术

纳米涂层技术可以在无人机表面形成具有特殊性能的涂层。接触角>150°的超疏水表面能够使水滴在无人机表面呈现球状、不易附着，从而减少水滴对无人机的影响。自清洁涂层(光催化 $TiO_2$)利用光催化原理，在光照条件下能够分解表面的有机物污垢，同时具有一定的防水性能，保持无人机表面的清洁和干燥。

2. 结构防水设计

迷宫式密封结构通过设计复杂的密封路径，增加水进入设备内部的难度，有效阻挡水分的侵入。气压平衡阀（调节速率≥5 mL/min）能够平衡设备内外的气压，避免气压差导致水渗入，同时在一定程度上起到排水的作用。这些结构防水设计，能够提高无人机整体的防水性能，保障其在降水环境下安全运行。

## 5.4　能见度科学评估

能见度是影响多旋翼无人机飞行安全的重要因素之一，它直接关系到无人机操作者对飞行环境的观察和判断能力。科学评估能见度，并借助辅助导航技术，对于保障无人机在低能见度环境下的安全飞行至关重要。

### 5.4.1　光学测量原理

1. 前向散射式能见度仪

前向散射式能见度仪是常用的能见度测量设备，其测量基线长度一般在 0.5～1 m。在 10～2000 m 的测量范围内，精度可达±10%。该仪器通过发射光并测量被空气中粒子散射的光强来计算能见度，具有测量速度快、精度较高的优点，能够为无人机飞行提供实时的能见度数据。

2. 视觉识别极限

人眼在不同光照条件下对物体的辨识度存在差异。昼间，人眼的视觉识别极限≥1.5 倍跑道视程；夜间，由于光线较暗，视觉识别能力下降，视觉识别极限≥3 倍跑道视程。了解这些视觉识别极限，有助于无人机操作者在不同光照条件下合理判断飞行环境，确保飞行安全。

### 5.4.2　辅助导航技术

毫米波雷达（77 GHz）具有较强的穿透力，在低能见度环境下，能够通过发射毫米波并接收反射波来检测周围物体的位置和距离。激光雷达（905 nm）则可以提供高分辨率的点云数据，能够精确地描绘出周围环境的三维结构。将毫米波雷达和激光雷达等多种传感器的数据进行融合，可以为无人机提供更全面、准确的环境信息，提高其在低能见度环境下的导航和避障能力。

# 5.5 电磁环境管理

多旋翼无人机在飞行过程中会受到各种电磁干扰的影响，其中雷电和频谱干扰对无人机的安全运行威胁较大。为了保障无人机在电磁环境中的正常飞行，需要采取有效的雷电防护工程和频谱监测技术。

## 5.5.1 雷电防护工程

1. 接闪器设计要点

接闪器是无人机雷电防护的重要装置，其设计要点包括尖端曲率半径≤3 mm和接地电阻≤10 Ω。尖端曲率半径较小的接闪器更容易吸引雷电，将雷电引导至自身；接地电阻较低则能够确保雷电电流迅速、安全地导入大地，减少雷电对无人机的损害。

2. 电磁屏蔽效能

机舱的电磁屏蔽效果应不小于 60 dB(1 GHz 条件下)，这样能够有效阻挡外界电磁干扰进入机舱内部，保护内部电子设备的正常运行。线缆的屏蔽覆盖率≥95%，可以防止线缆受到电磁干扰，避免信号传输出现错误或中断，确保无人机各部件之间的通信稳定可靠。

## 5.5.2 频谱监测技术

1. 实时频谱分析

实时频谱分析能够对无人机周围的电磁频谱进行快速监测，扫描速率≥5 GHz/s，滤波器带宽设置在 10 kHz～1 MHz 可调。通过实时频谱分析，操作人员可以及时发现频谱中的干扰信号，了解干扰的频率、强度等信息，为采取相应的抗干扰措施提供依据。

2. 自适应跳频方案

在 2.4 GHz 频段，无人机采用的自适应跳频方案应确保信道切换时间≤100 μs，能够快速避开干扰信道，选择干净的信道进行通信。同时，跳频图案采用 AES-256 加密技术，提高跳频的安全性和保密性，防止干扰信号对无人机通信的恶意攻击。

# 第二部分

# 多旋翼无人机开发实践

# 第 6 章　多旋翼无人机飞控编程实验

## 6.1　飞控开发环境搭建与编程基础实验

### 6.1.1　实验目的

① 熟悉飞控程序开发环境；

② 熟练使用开发工具；

③ 熟悉飞控源码项目结构；

④ 熟悉飞控源码各功能块的作用。

### 6.1.2　实验要求

① 获取源码编译后的 hex 文件；

② 下载程序到无人机中，使飞控正常工作。

### 6.1.3　实验设备

① 装有 Windows 系统的计算机(带 Keil μVision5 MDK-ARM 集成开发环境)；

② 智飞-250 无人机系统一套。

### 6.1.4　实验方法

1. 实验原理

32 位单片机开发环境有很多，如 eclipse、IAR、Keil、TrueSTUDIO 等，其中 eclipse 配置灵活，相对来说操作比较复杂，IAR、TrueSTUDIO 和 Keil 属于集成开发环境，操作相对简单。对于初学者，建议使用集成开发环境 Keil MDK。Keil MDK 安装可以参考 MDK520 安装及试用(实验资料\实验 1)。

2. 实验步骤

(1) 导入代码库

首次安装的开发环境,缺少对特定单片机的库支持,需要自行安装特定型号的代码库。代码库的作用就相当于在设计制造汽车前需要用到已经设计好的车轮。在打开的 Keil μVision5 程序界面中,单击代码库导入按钮(图 6.1.1)。

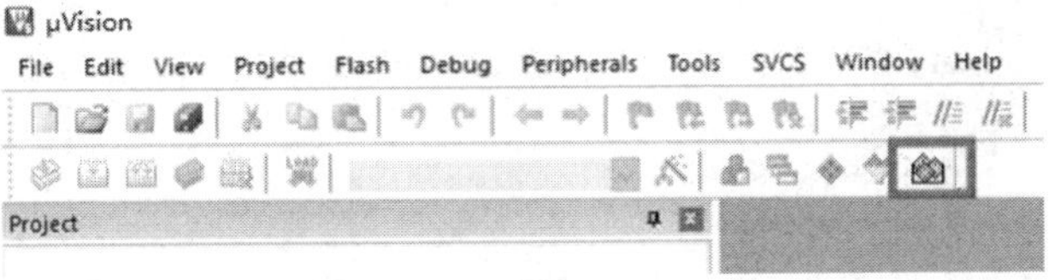


图 6.1.1　代码库导入按钮

在弹出的窗口中,选择"File"→"Import"命令(图 6.1.2)。

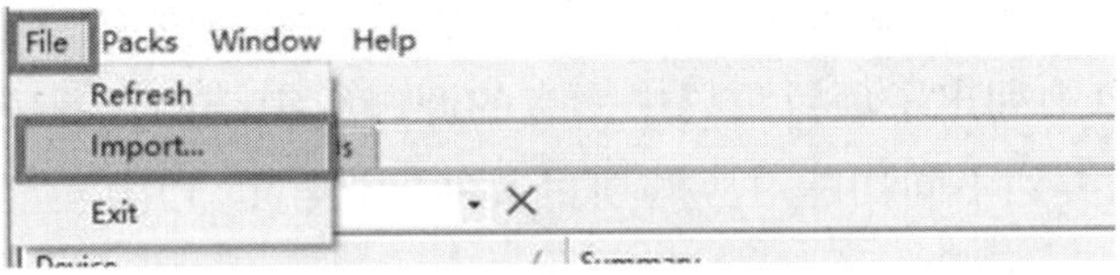


图 6.1.2　代码库导入选择

(2) 安装代码库

选择目录:实验资料\实验 1\开发环境\keil5 程序包(图 6.1.3)。选择文件夹中的所有包文件(可使用【Ctrl】+【A】组合键全选),然后双击打开。在安装的过程中会有一些安装选项需要选择和确定,全部选择同意和确定即可。

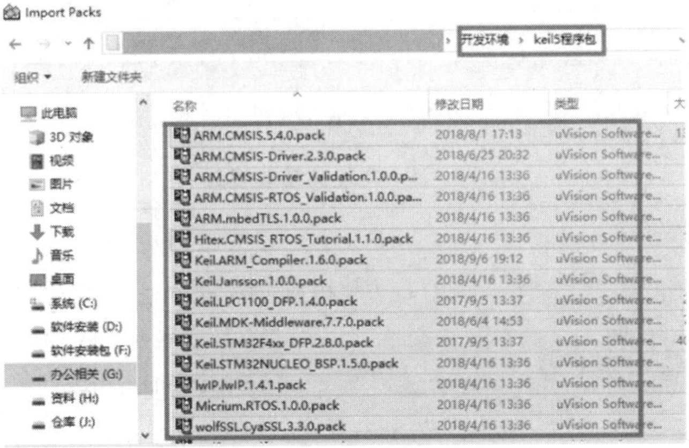


图 6.1.3　代码库文件

(3) 打开项目

安装所有程序包后,打开实验资料\实验 1\飞控源码文件夹,双击飞控项目文件 PIL_Flight Control.uvprojx(图 6.1.4)。

**图** 6.1.4 **飞控源码文件**

(4) 项目介绍

打开飞控源码项目文件后,在集成开发环境的左侧有一个 Project 界面(图 6.1.5),窗口中列出了项目源码中所有的源码组织结构。源码按照功能层级进行组织,并归类到不同功能对应的项目文件夹(表 6.1.1)中。

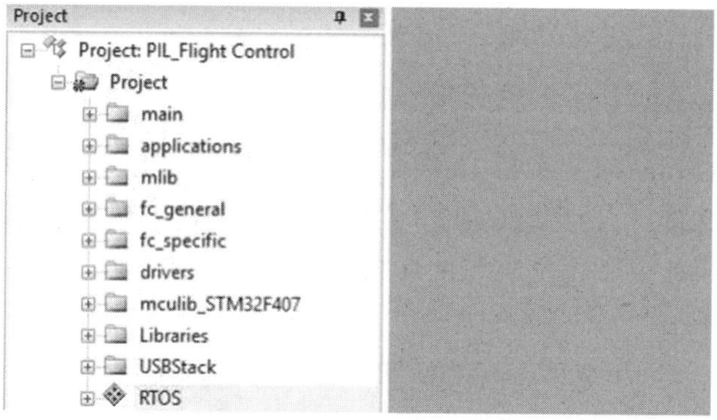


**图** 6.1.5 Project **界面**

**表 6.1.1 文件夹功能描述**

| 项目文件夹 | 功能描述 |
| --- | --- |
| main | 应用程序任务入口及初始化相关代码 |
| applications | 飞控功能应用程序相关代码 |
| mlib | 飞控功能应用库 |

续表

| 项目文件夹 | 功能描述 |
|---|---|
| fc_general | 飞控算法实现相关代码 |
| fc_specific | |
| drivers | 飞控外围设备驱动库 |
| mculib_STM32F407 | MCU 外设驱动库 |
| Libraries | 官方外设标准库 |
| USBStack | 官方 USB 库 |
| RTOS | 官方 rt-thread 嵌入式系统库 |

(5) 编译飞控项目

在图 6.1.6 中,浅色框中按钮的功能为编译当前项目中修改过的源码文件,深色框中按钮的功能为编译当前项目中的所有文件。推荐使用第一种,速度较快。

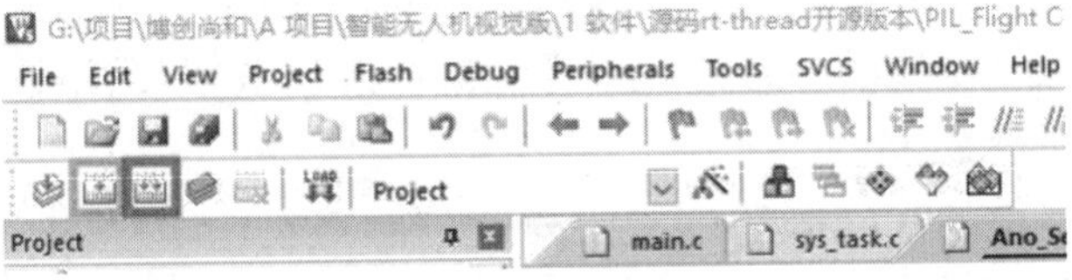


**图** 6.1.6　**编译界面**

编译完成后,可以在编译输出框中查看错误和警告信息,0 个错误和 0 个警告表示编译完成(图 6.1.7)。

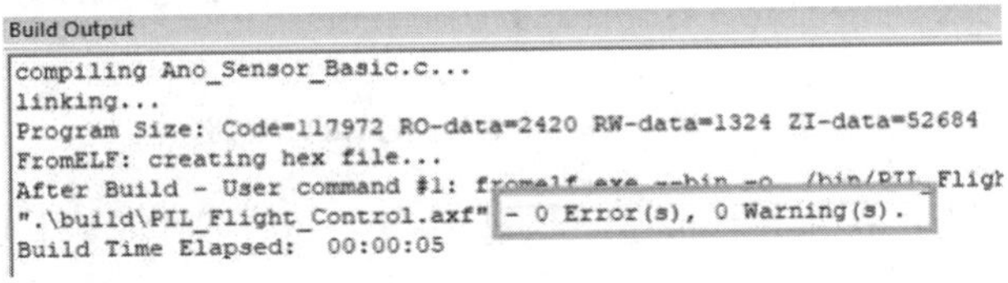


**图** 6.1.7　**编译输出结果**

(6) 查看编译生成的 hex 文件

打开源码目录中的 build 文件夹,可以从中找到编译完成后的 PIL_Flight_Control.hex 文件(图 6.1.8)。将 hex 文件烧录到飞控硬件中,就能使飞控正常工作。

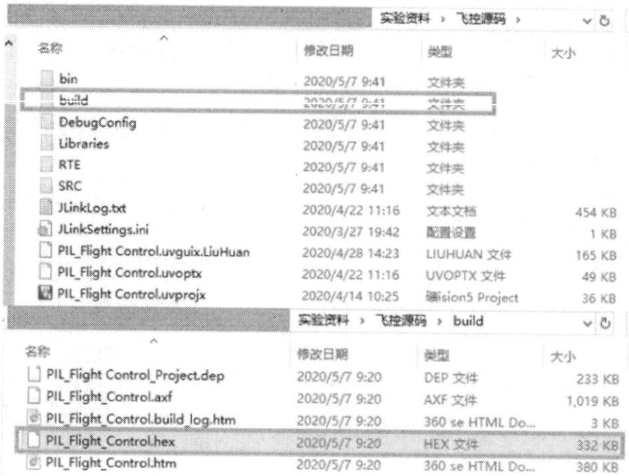


图 6.1.8　生成文件 hex

(7) 选择烧录工具

在生产阶段，一般会使用已编译好的 PIL_Flight_Control.hex 文件，批量烧录到飞控硬件中。因为在开发阶段会频繁烧录程序，所以我们会使用集成开发环境提供的一键烧录功能。这样可以极大提高开发效率，只是在烧录的首次需要简单设置烧录参数。

单击工具栏中的“Options for Target”按钮(图 6.1.9)。

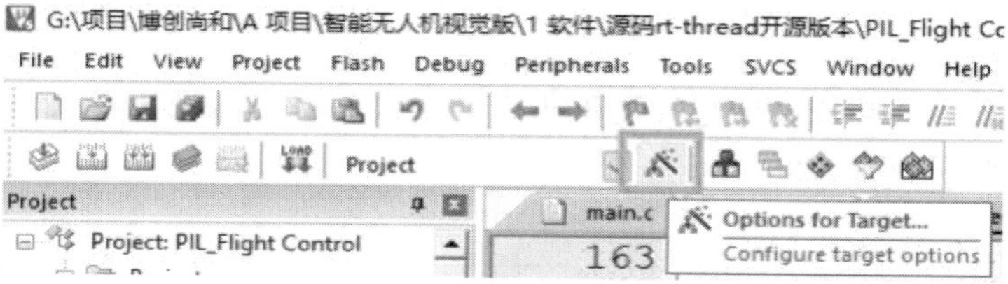


图 6.1.9　“Options for Target”按钮

在弹出的窗口中，单击“Debug”标签(图 6.1.10)，然后选择烧录工具(图 6.1.11)。

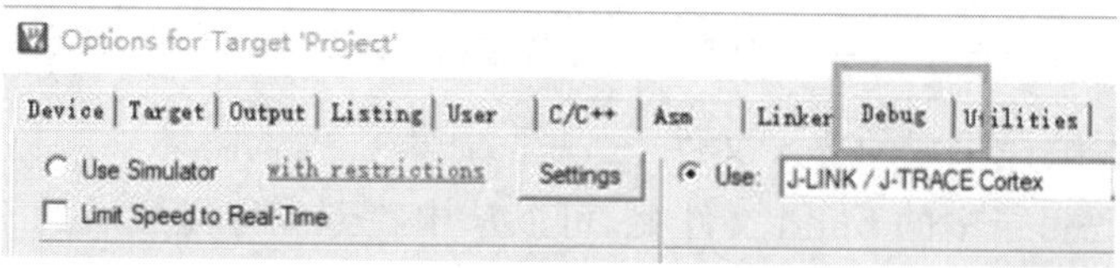


图 6.1.10　Debug 标签

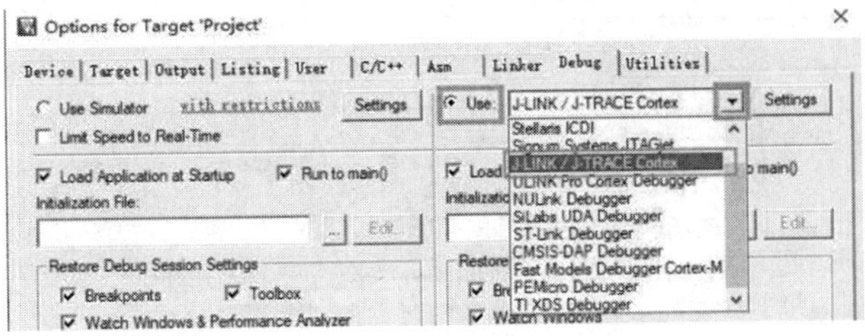

图 6.1.11　选择烧录工具

(8) 配置烧录工具

选择烧录工具后，先将 J-Link-SWD 工具插在计算机上，然后单击“Settings”按钮，设置烧录参数。如图 6.1.12 所示，如果 Port 可以选择，表示设备识别正常；如果 SN 栏和 Port 栏是灰色，表示 J-Link-SWD 工具识别失败(失败原因可能是 J-Link-SWD 损坏或驱动异常，解决办法是更换设备或重新安装驱动)。

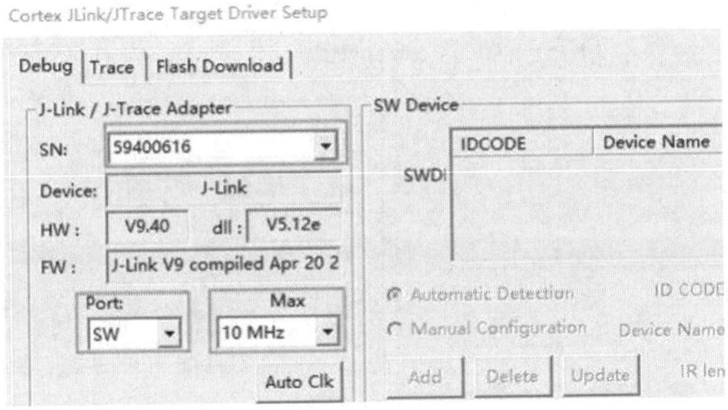

图 6.1.12　配置烧录工具(1)

Port 端口设置为 SW，Max 为 10 MHz(如果烧录过程中出现速度过高导致失败，可以适当将速度降低)，此时 J-Link-SWD 识别成功。设置完 Port 和 Max 后，切换到 Flash DownLoad 标签页，在当前页面中需要配置以下参数(图 6.1.13)：

① 下载程序使能，必须勾选；

② 校验使能，必须勾选；

③ 复位和运行使能，使能后下载完程序自动复位运行，如果不使能，需要重新上电才能运行，建议勾选；

④ 擦除块，速度较快，如果有其他需求也可以勾选 Erase Full Chip(擦除芯片全部)，但是不建议勾选 Do not Erase(不擦除)。

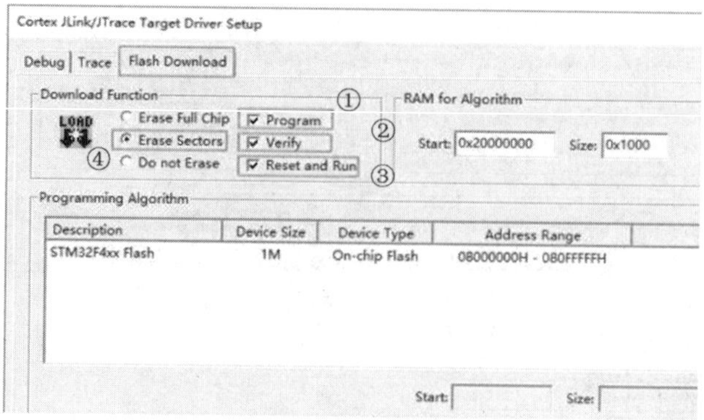


图 6.1.13 配置烧录工具(2)

配置完成后依次单击“确定”→“OK”按钮即可，如图 6.1.14 所示

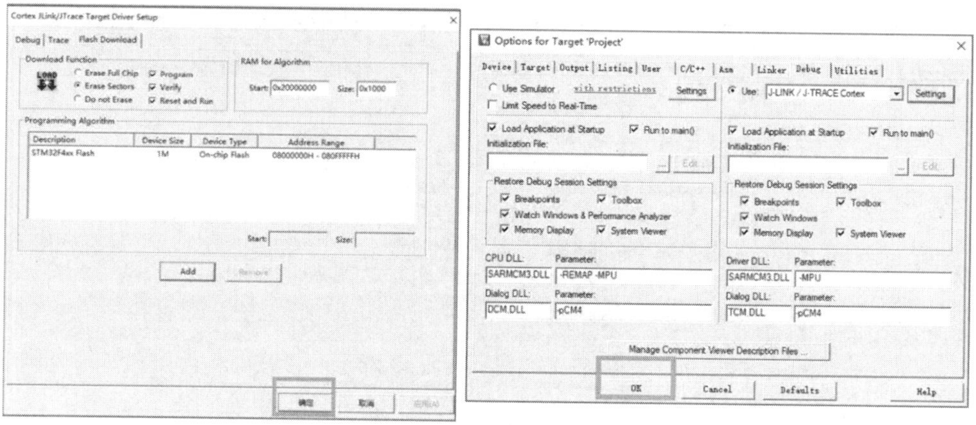


图 6.1.14 配置烧录工具(3)

(9) 使用集成开发环境下载程序

首先将无人机上电，并将下载器同无人机连接，如图 6.1.15 所示。

图 6.1.15 连接无人机

在集成开发环境中，单击“下载程序”按钮，便开始下载，如图 6.1.16 所示。

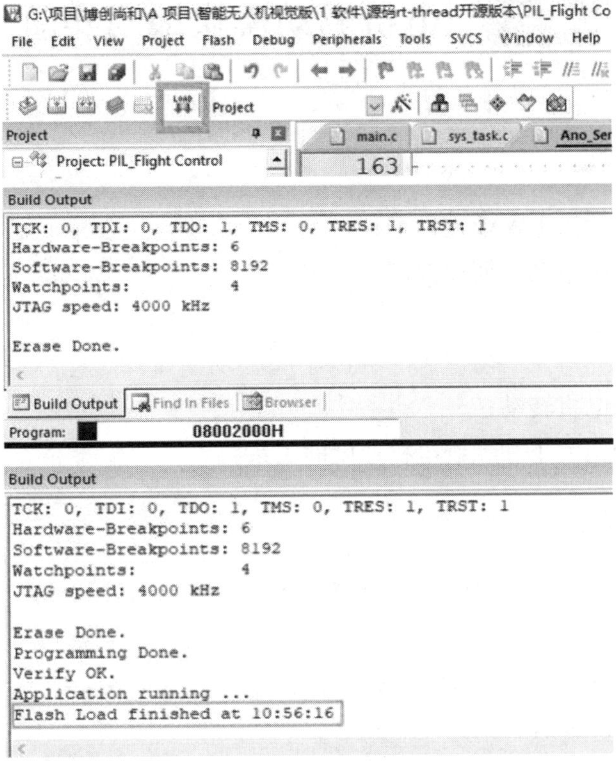


**图 6.1.16　下载执行**

### 6.1.5　实验报告

① 阐述实验目的和实验内容；

② 实验总结。

### 6.1.6　思考题

集成开发环境的优点和缺点？

答：优点是操作方便，编码更加容易，有良好的调试开发环境，更加便于初学者上手，能提高编码开发效率。缺点是体积比较大，内部的编译、运行、调试、链接等过程对开发者来说完全隐藏，不利于开发者对底层的掌握。

# 6.2 电机驱动模块编写实验

## 6.2.1 实验目的

① 掌握单片机 PWM 输出编程；

② 理解电机启动及调速控制。

## 6.2.2 实验要求

① 使无刷电机转动；

② 记录油门大小和无刷电机速度的关系。

## 6.2.3 实验设备

① 装有 Windows 系统的计算机(带 Keil μVision5 MDK-ARM 集成开发环境)；

② 智飞-250 无人机系统一套；

③ 激光测速装置一套。

## 6.2.4 实验方法

1. 实验原理

在日常生活中,我们见到最多的电机就是有刷电机(图 6.2.1)。顾名思义,有刷电机就是带有电刷,其以磁钢作为定子,线圈作为转子,电源通过转子上的电刷对输入的电源进行换向,让电机的转子持续不停地转动。和有刷电机不同,无刷电机让线圈绕组作为定子,磁钢作为转子。

无刷电机内部结构分为内转子和外转子,内转子一般极数少、转速高、转矩小,外转子一般极数多、转速低、转矩大、结构紧凑,故航模领域一般采用外转子无刷电机(图 6.2.2)。

通过给线圈绕组高速换向供电让磁钢持续转动,其中换向采用电子器件,一般常用的是 MOS 管。三相无刷电机有三相定子,为了防止转子被定子锁住,同一时刻必须以特定的方式按顺序为其中的两相通电,以产生旋转磁场。这种特定的通电顺序一般按照转子所处的空间位置不同,分为 6 步,故称为 6 步换向法。

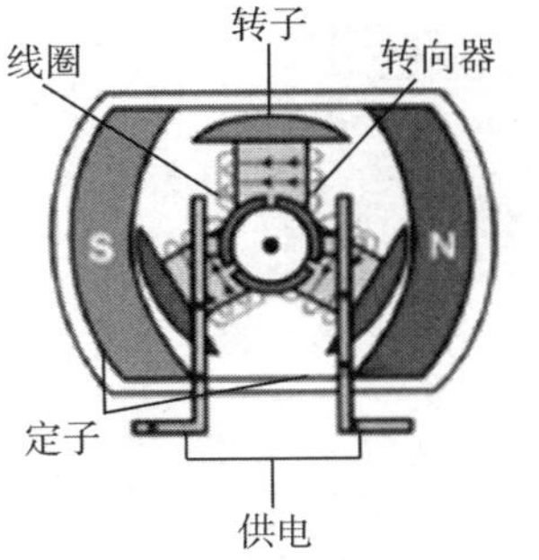


图 6.2.1　**有刷电机**

图 6.2.2　**无刷电机(外转子)**

有刷电机与无刷电机的对比见表 6.2.1。

**表 6.2.1　有刷电机与无刷电机对比**

| 电机种类 | 优点 | 缺点 |
| --- | --- | --- |
| 有刷电机 | 电路简单,控制简单,成本低 | 寿命短,有火花,效率较低 |
| 无刷电机 | 寿命长,无电弧,噪声小,效率高 | 成本高,需要额外控制器,控制复杂 |

在大多数四旋翼无人机中,飞控不直接控制无刷电机,而是控制电调,电调驱动电机。电调集成了无刷电机的驱动程序和供电系统(图 6.2.3)。

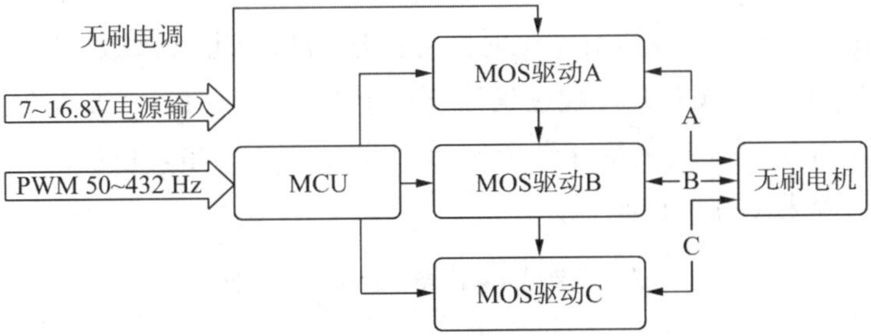


图 6.2.3　**供电系统**

飞控驱动电调使用频率为 50～432 Hz、占空比为 0%(1 ms)到 100%(2 ms)之间的 PWM 信号(图 6.2.4),控制占空比高电平的时间长度和速度百分比呈线性比例关系。在本飞控系统中,采用 400 Hz(周期为 2.5 ms)的 PWM 信号控制电调。

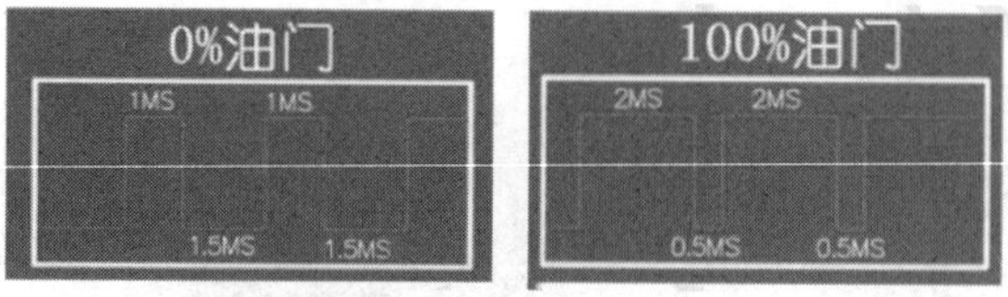


图 6.2.4 油门与电调波行

2. 实验步骤

(1) 熟悉初始化单片机外设

PWM 信号可通过定时器对系统时钟进行计数,并基于计数值的溢出和比较生成。STM32F407 有多个定时器,本飞控使用的是定时器 1,时钟配置如图 6.2.5 所示。

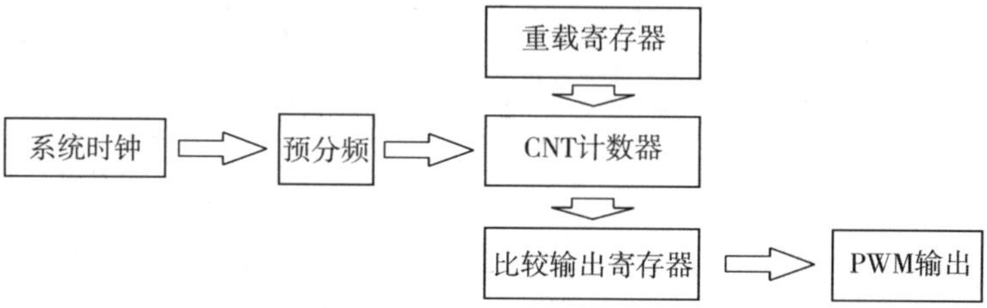


图 6.2.5 时钟配置

具体过程:CNT 计数器对系统时钟分频后的脉冲进行计数,从 0 开始输出,IO 默认为低电平;当 CNT 计数达到比较输出寄存器值时,IO 改变为高电平;当 CNT 继续增加达到重装载寄存器值时,IO 改变为低电平,此时 CNT 计数器清零,完成一个周期(图 6.2.6)。

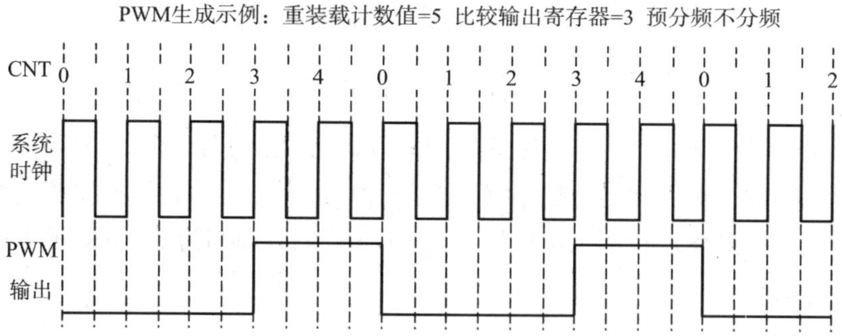


图 6.2.6 时序与波行示意图

PWM 初始化代码:mculib_tim1_pwm_out_init(400,10000,0)。

描述:初始化电调输出功能,PWM 频率为 400 Hz,PWM 分辨率为 10000,

初始占空比为 0。

代码位置：Project\main\BSP_Init.c\All_Init()。

从函数调用跳转到函数定义：将光标移至函数上，然后按下【F12】键，即完成跳转（图 6.2.7）。如果不能跳转，可进行代码编译。

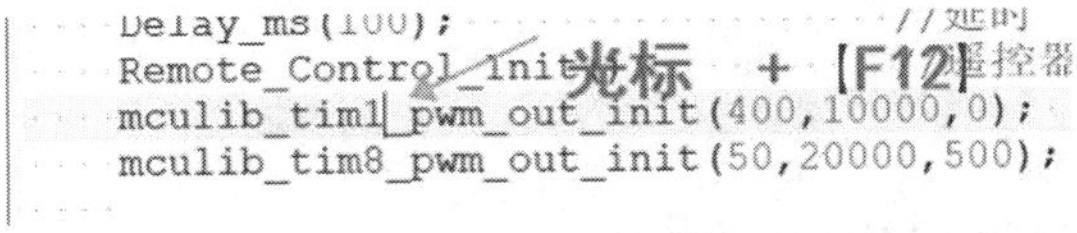


**图 6.2.7　程序跳转示意图**

（2）熟悉油门计算方法

本实验中用来控制电机的 PWM 信号频率是 400 Hz，换算后周期是2.5 ms，初始化时设置的分辨率为 10000（表示可以将周期 2.5 ms 划分为 10000 份递增或递减）。电调的起始油门是 1 ms，最大油门是 2 ms，所以油门占空比计算方法如下：

油门为 0%时的起始占空比：$\frac{1}{2.5}\times 10000=4000$。

油门为 100%时的最大占空比：$\frac{2}{2.5}\times 10000=8000$。

油门为 20%时的占空比：$4000+(8000-4000)\times 20\%=4800$。

（3）电机启动演示示例

打开当前实验的源码，找到如下代码，不需要做任何更改，编译代码后，将程序下载到无人机中，观察无刷电机的转动情况。

代码位置：Project\main\sys_task.c\Loop_1000Hz()，如图 6.2.8 所示。

```
void Loop_1000Hz()
{
    const uint16_t divtime=1000;//设置加速间隔时间
    mculib_tim1_pwm_out_set_channel(1,4800);//20%
    rt_thread_mdelay(divtime);
    mculib_tim1_pwm_out_set_channel(1,4960);//24%
    rt_thread_mdelay(divtime);
    mculib_tim1_pwm_out_set_channel(1,5120);//28%
    rt_thread_mdelay(3000);//转动保持3秒
    mculib_tim1_pwm_out_set_channel(1,4000);//电机油门设置为0%
```

**图 6.2.8　Loop_1000Hz()代码界面**

（4）记录 20%油门时的电机转速

修改代码（图 6.2.9），重新编译，然后下载代码到无人机，用测速表记录电机的最大转速。

```
void Loop_1000Hz()
{
    const uint16_t divtime=1000;//设置加速间隔时间
    mculib_tim1_pwm_out_set_channel(1,4800);//20%
//    rt_thread_mdelay(divtime);
//    mculib_tim1_pwm_out_set_channel(1,4960);//24%
//    rt_thread_mdelay(divtime);
//    mculib_tim1_pwm_out_set_channel(1,5120);//28%
    rt_thread_mdelay(3000);//转动保持3秒
    mculib_tim1_pwm_out_set_channel(1,4000);//电机油门设置为0%
```

**图** 6.2.9　20%**油门代码界面**

(5) 记录24%油门时的电机转速

修改代码(图6.2.10),重新编译,然后下载代码到无人机,用测速表记录电机的最大转速。

```
void Loop_1000Hz()
{
    const uint16_t divtime=1000;//设置加速间隔时间
//    mculib_tim1_pwm_out_set_channel(1,4800);//20%
//    rt_thread_mdelay(divtime);
    mculib_tim1_pwm_out_set_channel(1,4960);//24%
//    rt_thread_mdelay(divtime);
//    mculib_tim1_pwm_out_set_channel(1,5120);//28%
    rt_thread_mdelay(3000);//转动保持3秒
    mculib_tim1_pwm_out_set_channel(1,4000);//电机油门设置为0%
```

**图** 6.2.10　24%**油门代码界面**

(6) 记录28%油门时的电机转速

修改代码(图6.2.11),重新编译,然后下载代码到无人机,用测速表记录电机的最大转速。

```
void Loop_1000Hz()
{
    const uint16_t divtime=1000;//设置加速间隔时间
//    mculib_tim1_pwm_out_set_channel(1,4800);//20%
//    rt_thread_mdelay(divtime);
//    mculib_tim1_pwm_out_set_channel(1,4960);//24%
//    rt_thread_mdelay(divtime);
    mculib_tim1_pwm_out_set_channel(1,5120);//28%
    rt_thread_mdelay(3000);//转动保持3秒
    mculib_tim1_pwm_out_set_channel(1,4000);//电机油门设置为0%
```

**图** 6.2.11　28%**油门代码界面**

(7) 记录32%油门时的电机转速

按照油门占空比计算方法,算出对应油门占空比值的大小,然后修改代码,编译烧录后,驱动电机转动,记录此时电机的转速。

(8) 擦除代码

实验完成后,擦除烧录的代码(图6.2.12),避免下次实验上电后电机启动造成安全隐患。

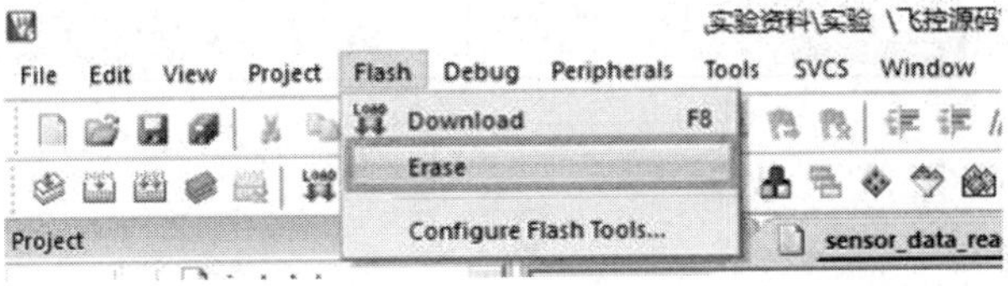


图 6.2.12　擦除代码选项

## 6.2.5　实验报告

① 阐述实验目的和实验内容；

② 完成实验记录(表 6.2.2)；

表 6.2.2　实验记录

| PWM 占空比值 | 油门占比/% | 电机转速/($r \cdot min^{-1}$) |
|---|---|---|
| 4800 | 20 | |
| 4960 | 24 | |
| 5120 | 28 | |
| | 32 | |

③ 实验总结。

## 6.2.6　思考题

① 为什么将 PWM 输出的频率设置在 400 Hz?

答:将 PWM 输出的频率设置在 400 Hz 是为了便于计算周期和 PWM 分辨率,以及让控制油门时换算出来的结果是整数。

② 为什么电调的 0%油门定义为 1 ms 的高电平占空比时间,而不是 0 ms 的占空比时间?

答:这是为了增强电调的抗干扰能力,避免外部的干扰脉冲信号耦合到控制线上,从而导致电机起转错误。

# 6.3 传感器信息读取实验

## 6.3.1 实验目的

① 掌握传感器通信原理；

② 掌握单片机 SPI 串行通信编程。

## 6.3.2 实验要求

① 读取气压计数据，计算海拔；

② 记录无人机不同姿态下的加速度数据。

## 6.3.3 实验设备

① 装有 Windows 系统的计算机（带 Keil μVision5 MDK-ARM 集成开发环境）；

② 智飞-250 无人机系统一套。

## 6.3.4 实验方法

1. 实验原理

在多旋翼无人机中，有许多重要的传感器支持 SPI 或 I2C 串行通信协议。串行通信是指在单个时钟周期内将数据按比特逐次发送的通信方式；并行通信是指在单个时钟周期内一次发送 1 个字节数据或多个字节数据的通信方式（1 字节等于 8 比特）。单片机常用的串行通信除了上面提到的两种，还有 TTL 串口、USB、CAN 等（表 6.3.1）。

**表 6.3.1　通信协议对比**

| 协议类型 | 开发难度 | 速率 | 通信线数量 |
|---|---|---|---|
| SPI | ★★★ | ★★★★ | 5 |
| I2C | ★★ | ★ | 3 |
| TTL 串口 | ★ | ★★★ | 3 |
| USB | ★★★★★ | ★★★★ | 3 |
| CAN | ★★★★ | ★★ | 2 |

注：★表示等级，数量越多，代表开发难度越高或速率越大。

对于 I2C 和 SPI 两种通信协议，一般会选择 SPI，主要是为了提高单片机读取数据的速率，减少单片机 CPU 开销，提高飞控性能。

SPI 串行通信共需要 5 根信号线(GND、CS、CLK、MISO、MOSI)。除 GND 外，其余 4 根信号线在 SPI 通信协议中均有详细的描述和操作规范。SPI 通信协议中的规范类似于在海上的两个灯塔之间用手电的亮灭传递信息，在这之前需要约定不同的手电亮灭序列表示的含义。

GND 的作用是通信电平基准参考；CS 表示片选，当需要与指定的传感器通信时，只需要将对应传感器芯片 CS 引脚设置为低电平；CLK 是时钟线，用于产生高低变化的时钟信号，时钟信号由主机产生，从机被动接收，主机数据发送信号在 CLK 上升沿发送，数据接收信号在 CLK 下降沿采样，从机则相反(所以 SPI 通信中一个时钟周期可同时完成数据的发送和接收)；MISO 表示主机输入、从机输出信号线；MOSI 表示主机输出、从机输入信号线。(M 是 master 的缩写，S 是 slave 的缩写，I 是 in 的缩写，O 是 out 的缩写。)在当前通信中，主机是单片机，从机是传感器芯片。

(1) SPI 数据读写

在芯片片选端 CS 为低电平表示选中芯片，紧接着需要从 MOSI 引脚输出第一个字节，第一个字节的低 7 位表示地址，最高位为高表示读，最高位为低表示写，如图 6.3.1 和图 6.3.2 所示。

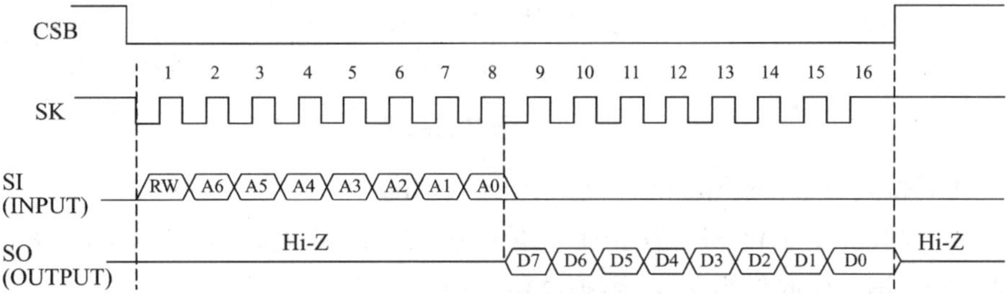


**图 6.3.1　SPI 数据读时序图**

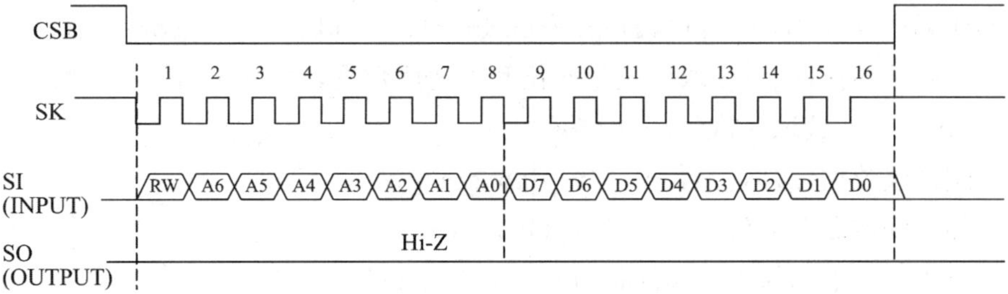


**图 6.3.2　SPI 数据写时序图**

(2) SPI 复用

SPI 复用原理如图 6.3.3 所示。

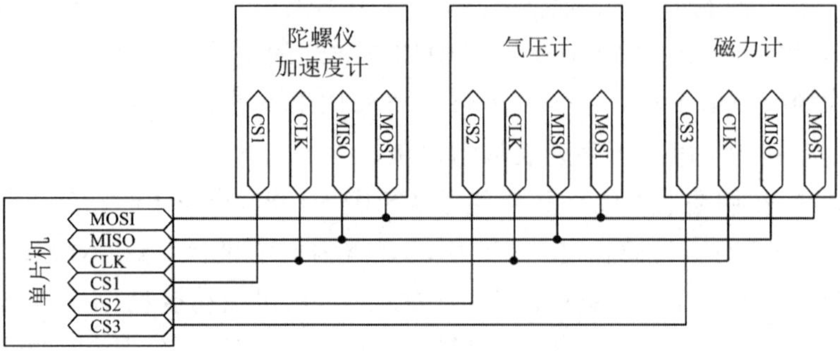


**图 6.3.3　SPI 复用原理示意图**

2. 实验步骤

飞控系统中，陀螺仪加速度计芯片、气压计芯片、磁力计芯片均为 SPI 通信接口，所以它们可以共用数据和时钟线，只需要使用不同的片选信号线分时通信。单片机作为主机，芯片作为从机，与指定的从机通信时，需要将相应从机的片选信号设置为低电平。

(1) 熟悉 SPI 初始化(图 6.3.4)

```
    Drv_SPI2_init();              //spi_2初始化，
    Drv_Icm20602CSPin_Init();     //spi片选初始化
    Drv_AK8975CSPin_Init();       //spi片选初始化
    Drv_SPL06CSPin_Init();        //spi片选初始化
```

**图 6.3.4　SPI 初始化**

代码位置：Project/main/BSP_Init.c/All_Init()。

代码功能：初始化 SPI 为主机，2 线全双工模式，8 位数据宽度，空闲时时钟为高电平，第二个时钟沿采样，数据高位在前。

(2) 传感器数据读取(图 6.3.5)

代码位置：Project/applications/sensor_data_read.c/Fc_Sensor_Get()。

代码功能：每毫秒读取一次陀螺仪和加速度数据，每 20 ms 读取一次磁罗盘数据，每 20 ms 读取一次气压计数据。

陀螺仪数据保存到 sensor_raw_data.acc_gyro；

加速度数据保存到 sensor.Acc_Original；

电子罗盘数据保存到 sensor_raw_data.mag；

气压计数据保存到 sys_parameter.baro_pressure。

```
void Fc_Sensor_Get()//1ms
{
    static u8 cnt;
    if(flag.start_ok)
    {
        /*读取陀螺仪加速度计数据*/
        Drv_Icm20602_Read(sensor_raw_data.acc_gyro,//陀螺仪
                          sensor.Acc_Original,//陀螺仪数据
                          &sensor.Tempreature,//温度原始数
                          &sensor.Tempreature_C);//温度摄氏
        cnt ++;cnt %= 20;
        if(cnt==0)
        {
            /*读取电子罗盘磁力计数据*/
            Drv_AK8975_Read(sensor_raw_data.mag);
            /*读取气压计数据*/
            Drv_Spl0601_Read(&sys_parameter.baro_pressure,
                             &sys_parameter.baro_height,
                             &sys_parameter.baro_temperatur
        }
    }
}
```

**图 6.3.5　传感器数据读取程序**

(3) 进入调试模式

无人机通电后，接上 J-Link-SWD 烧录器，编译代码；编译完成后，在集成开发环境中单击调试选项(或使用【Ctrl】+【F5】组合键)，如图 6.3.6 所示。

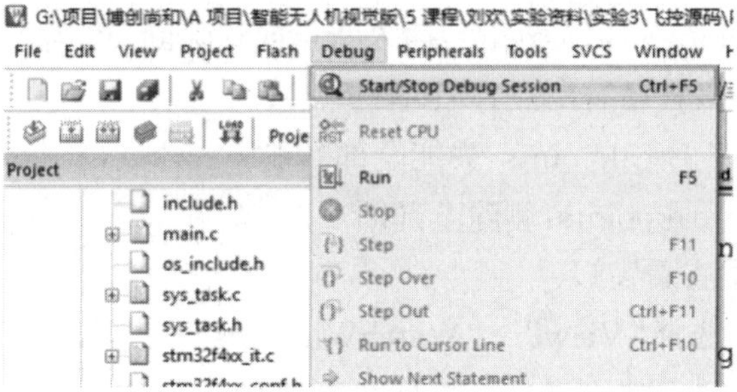


**图 6.3.6　调试选项**

待烧录程序完成后，集成开发环境进入调试模式，此时可以先关闭所有已经打开的源码文件(图 6.3.7)，然后单独打开需要用到的文件。

**图 6.3.7　关闭所有程序文件**

接着打开 Project/applications/sensor_data_read.c 文件，并找到 int main (void)函数，将鼠标的光标定位到第 112 行，并在此处打一个断点(断点的作用是，当程序运行到此处时，程序暂停)，如图 6.3.8 所示。

```
110 int main(void)
111 {
112     flag.start_ok = All_Init();
113     //
```

**图** 6.3.8　**断点设置**

在调试程序过程中，Debug 下拉菜单中需要用到的工具如下：

① Reset CPU：复位单片机(相当于重启)；

② Run：继续执行(当程序停在断点处或停止后，想要继续执行时可以单击)；

③ Step：单步运行(单条语句，可以进入函数或语句内部)；

④ Step Over：单过程运行(在当前语句中逐句运行)；

⑤ Step Out：跳出当前过程(可用于跳出函数)；

⑥ Run to Cursor Line：运行到指定行(用光标决定)；

⑦ Insert/Remove Breakpoint：插入断点或移除断点(当鼠标光标所在位置没有断点时为插入，若已有断点，则移除断点)；

⑧ Disable All Breakpoints：失能全部断点；

⑨ Kill All Breakpoints：删除全部断点。

(4) 调出变量查看窗口

在菜单栏中，选择“View”→“WatchWindows”→“Watch1”命令，然后选中该窗口，将窗口拖动到软件右侧，并且在窗口中输入“sensor.Acc_Original”和“sys_parameter.baro_pressure”，如图 6.3.9 所示。

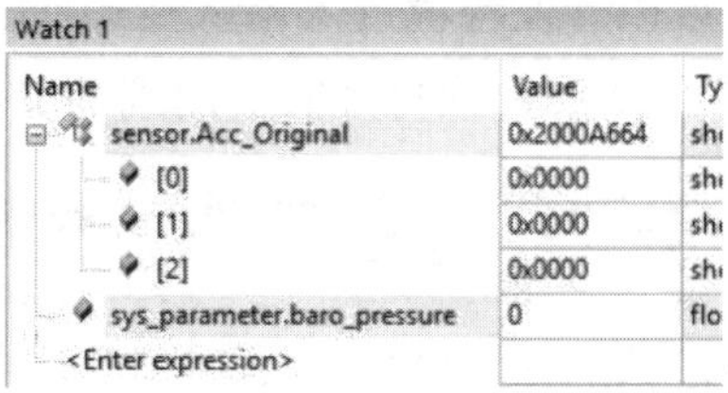


**图** 6.3.9　**变量查看窗口**

右击变量，可以看到变量默认为十六进制显示，取消勾选“Hexadecimal Display”(图 6.3.10)，可以将变量的显示修改为十进制显示。

然后，在菜单栏中，选择“View”→“Periodic Windows Update”命令(作用是

让变量自动更新)。

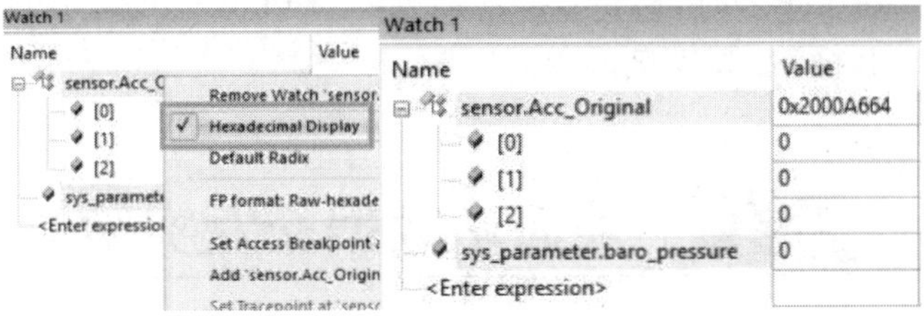


**图** 6.3.10　**改变变量显示格式**

(5) 启动调试

在菜单栏选择“Debug”→“Run”命令(或直接按【F5】键),启动调试程序,可以看到程序运行到刚刚设置断点处并停止运行(main 函数为所有程序的入口),如图 6.3.11 所示。

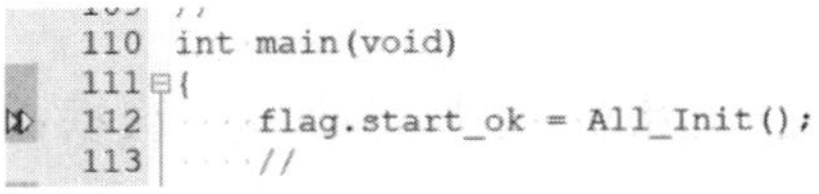


**图** 6.3.11　**启动调试**

再次单击“Run”按钮,程序继续运行,等待片刻,可以看到 Watch1 窗口中的变量值随着无人机的姿态的改变而变化。

### 6.3.5　实验报告

① 阐述实验目的和实验内容;

② 实验记录:记录气压计数据,使用气压高度公式将气压数据换算为高度,机身不同姿态时,记录加速度计传感器数据(不少于 6 组);

③ 实验总结。

### 6.3.6　思考题

① 利用气压传感器的气压数据和气压高度公式换算出来的高度不一定准确的原因是什么?

答:因为大气压强不仅与海拔高度有关,还与湿度、气温、晴阴、空气流动等因素有关,当使用固定的 P0 值去计算是不对的,如果需要计算出准确的高度,需要实时联网去获取所在地区的 P0 值(这个值一般是开放的),然后代入公式计算。

② 利用静态加速度传感器的数据能计算出来无人机的姿态信息吗?

答:可以。利用重力加速度正交分解可以得到无人机姿态的 yaw(偏航)、pitch(俯仰)、roll(横滚)等信息。

# 6.4 地面站数据交互实验

## 6.4.1 实验目的

① 掌握地面站远程获取无人机状态数据的方法;

② 了解地面站与无人机数据交互原理。

## 6.4.2 实验要求

① 利用地面站校准无人机的陀螺仪和加速度数据;

② 读取地面站的 PID 参数。

## 6.4.3 实验设备

① 装有 Windows 系统的计算机(带 Keil μVision5 MDK-ARM 集成开发环境);

② 智飞-250 无人机系统一套。

## 6.4.4 实验方法

1.实验原理

无人机在飞行过程中,为了便于监测和控制飞控状态,需要建立一个远程地面站。飞控与地面站间的通信链路如图 6.4.1 所示。

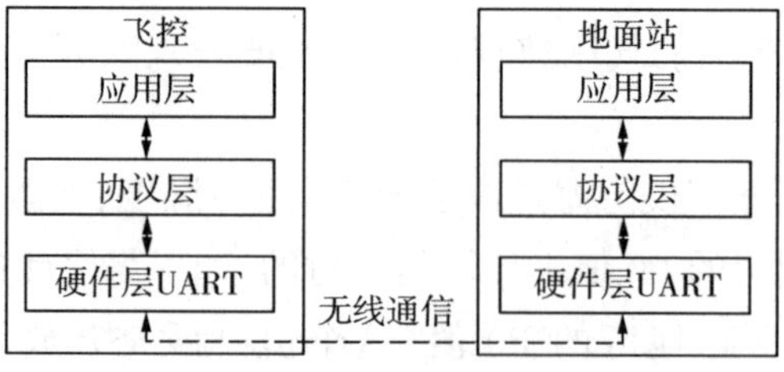


图 6.4.1 通信链路

在飞控和工作站的通信链路中，硬件层采用 2.4 G 无线透传模块，用以实现协议层的通信协议。通过协议可以保证飞控和工作站的通信速率和高可靠性，将数据按帧传输，每一帧数据都表示特殊的含义，其中一帧数据的格式见表 6.4.1。

**表 6.4.1　一帧数据的格式**

| 帧头 | 数据源 | 目标地址 | 功能字 | 长度 | MODE | STATE | DX | DY | QUALITY | SM |
|---|---|---|---|---|---|---|---|---|---|---|
| 1 字节 | 1 字节 | 1 字节 | 1 字节 | 1 字节 | 1 字节 | 1 字节 | 1 字节 | 1 字节 | 1 字节 | 1 字节 |
| OXAA | OX22 | 0 | OX51 | 5 | 0 | 1 | −128～127 | −128～127 | 0～255 | 和校验值 |

协议解析方法参考源码：

代码位置：Project\applications\Ano_OF.c\AnoOF_GetOneByte。

2. 实验步骤

① 将桨叶拆掉，并给无人机上电。

② 打开匿名上位机 V6.72，单击“程序设置”按钮，然后单击“串口模式”标签，将数传模块插入计算机，选择插上数传时新增的对应端口号，输入波特率“500000”，然后单击左下角的“未连接”按钮，进行远程连接，如图 6.4.2 所示。

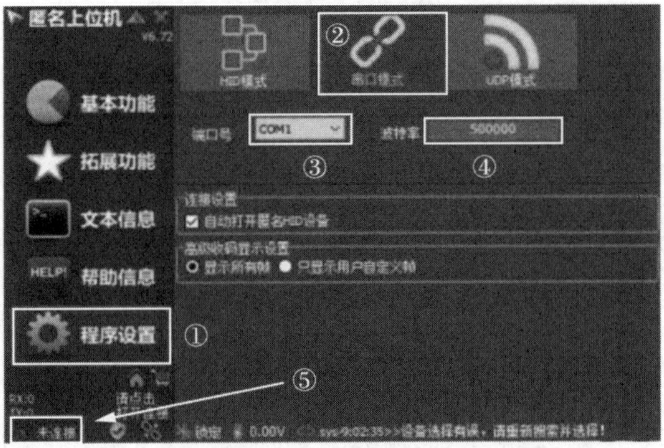


图 6.4.2　**上位机界面**

③ 打开拓展功能中的飞控状态，同时打开飞控设置并选择功能设置标签，如图 6.4.3～图 6.4.5 所示。

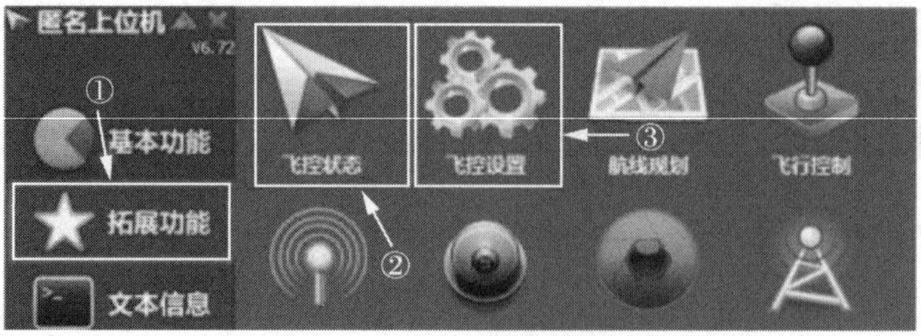


图 6.4.3 “飞控设置”按钮

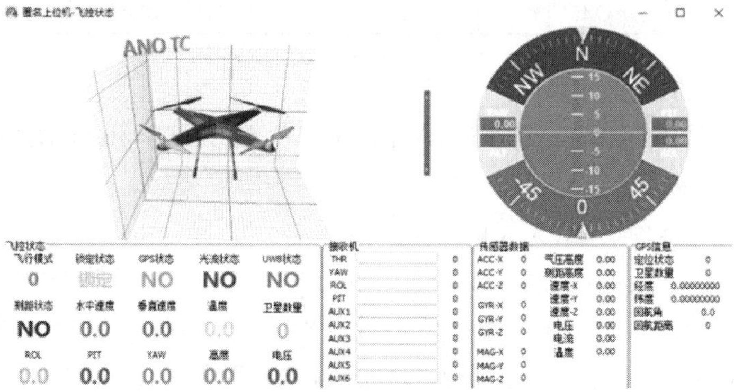


图 6.4.4 飞控信息

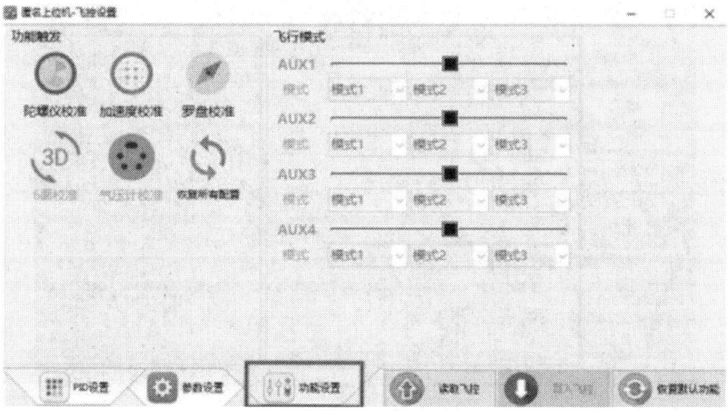


图 6.4.5 飞控功能界面

④ 将无人机倾斜 45°，进行加速度校准；等待无人机亮绿灯后，将其放平，观察飞控状态界面中的无人机姿态变化，并拍照记录。

⑤ 无人机放水平后再次进行加速度校准，等待校准完成后，观察飞控状态界面中的无人机姿态变化，并拍照记录。

⑥ 打开遥控器，将 SWB 开关在最顶部和中间位置来回拨动(波动后停顿数

秒)，观察匿名上位机飞控状态界面中的光流状态变化(图 6.4.6)。

⑦ 将无人机用手拿起，放置在不同高度上，观察匿名上位机飞控状态界面中传感器数据返回的测距高度值(图 6.4.7)，分别记录无人机高度在 20 cm、30 cm、40 cm、50 cm、60 cm 下测量高度返回的数据。

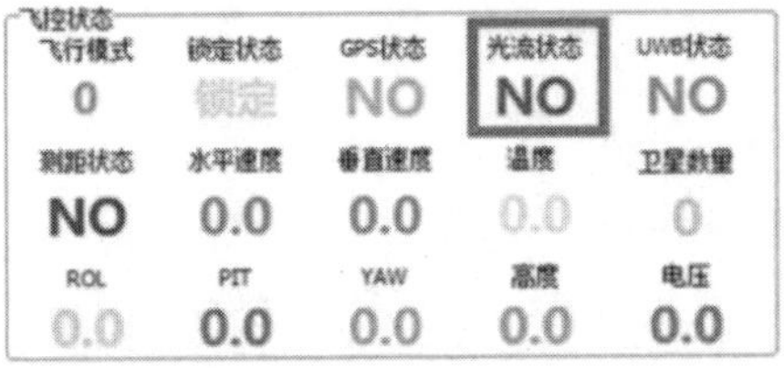


图 6.4.6　光流状态

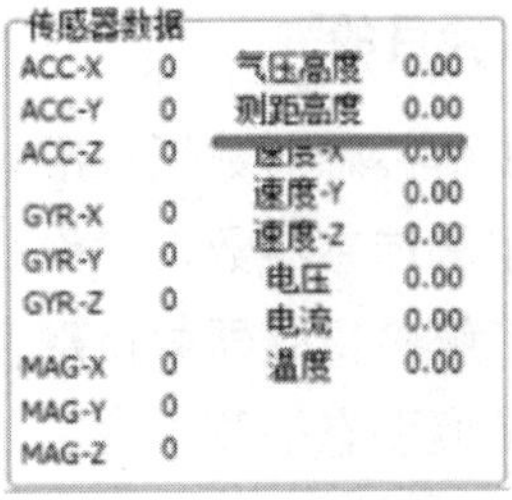


图 6.4.7　高度参数

除了以上的功能，地面站还有很多实用的功能，如读写飞控 PID 参数、设置低电压报警、设置自动起飞降落速度等，此处不再一一列举。

### 6.4.5　实验报告

① 阐述实验目的和实验内容；

② 实验记录：记录不同姿态下无人机加速度校准后的无人机姿态变化，记录无人机在不同高度下传感器测量高度返回的数据；

③ 实验总结。

### 6.4.6　思考题

① 如果在校准加速度时无人机没有水平放置，将对无人机的飞行性能产生何种影响？

答：将导致无人机飞行时不能保持水平，飞行稳定性变差，严重可能导致不能飞行或炸机。

② 为什么在低于某一个高度之后，高度数据不再变化？

答：因为激光测距的原理是利用光的传播遇到物体后返回的时间来测量距离，当距离比较近，则从激光发射到激光接收这段时间非常短，测量设备的数据处理不及时，此时就出现了设备测量的最小距离极限，我们一般称之为测量盲区。采用类似原理的超声传感器也有同样的问题，只是超声传感器的盲区相对较小。

# 6.5 滤波与组合导航实验

## 6.5.1 实验目的

① 了解传感器数据校准；

② 了解传感器数据滤波；

③ 了解多传感器数据融合；

④ 掌握姿态解算。

## 6.5.2 实验要求

① 利用加速度数据进行姿态解算；

② 利用陀螺仪数据进行姿态解算；

③ 总结分析两种算法的优劣。

## 6.5.3 实验设备

① 装有 Windows 系统的计算机(带 Keil μVision5 MDK-ARM 集成开发环境)；

② 智飞-250 无人机系统一套。

## 6.5.4 实验方法

1. 实验原理

本飞控姿态的解算用到了三个传感器，即陀螺仪(角速度)、加速度计(重力加速度)与磁力计(地磁)。理想情况下，通过陀螺仪数据积分就可以得到无人机的姿态，也可以通过加速度传感器正交分解得到无人机的姿态，而两者结合互补则数据更加稳定。飞控姿态获取方法如图 6.5.1 所示。

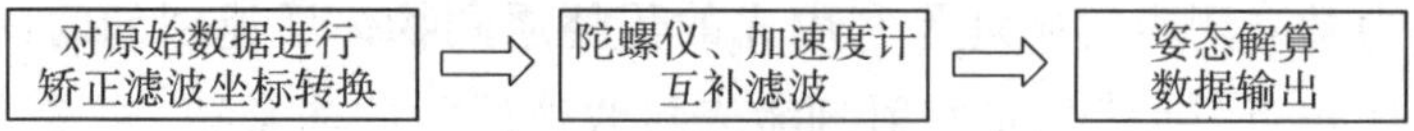


**图 6.5.1 飞控姿态获取方法**

在获取到传感器原始数据后，不能直接使用数据，因为传感器静止时输出的数据并不为 0，所以需要对数据进行零点漂移校正；因为无人机在飞行过程中会有高频抖动，所以还需要对原始数据进行低通滤波，尽量保证数据的可靠和稳定。

坐标转换的目的：无人机本身传感器具有一个坐标系，而无人机又处于地理坐标系中，所以需要将无人机的坐标系同地理坐标系联系统一起来。虽然我们肉眼能立即发现无人机的运动方位，但无人机并不知道自己相对于地理坐标系的运动关系。

机体坐标系由传感器在 PCBA 上的方位和位置确定，如图 6.5.2 所示。

陀螺仪和加速度计各有优缺点，且优缺点恰好互补，所以当单一传感器不满足要求时，可以将多种传感器的数据融合、互补，从而保证数据尽可能准确，如图 6.5.3 所示。

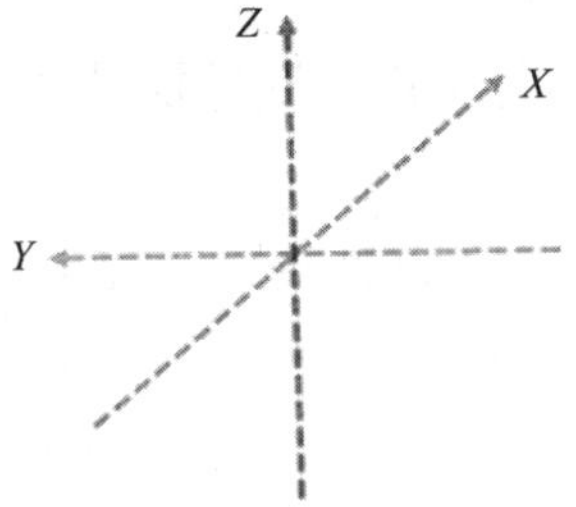


图 6.5.2　地理坐标系

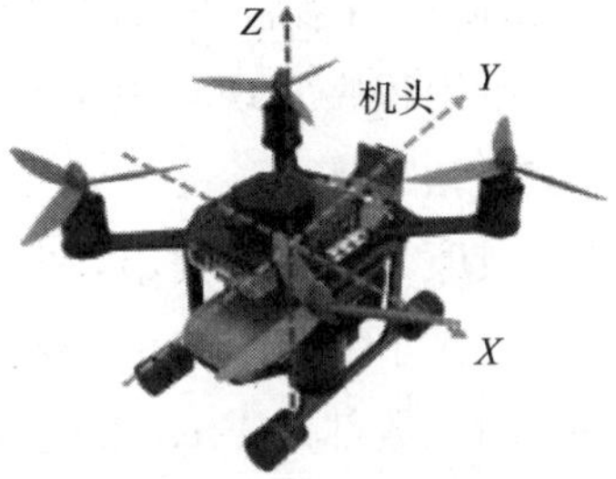


图 6.5.3　机体坐标系获取(陀螺仪＋加速度计)

姿态解算的目的：通过传感器原始数据，求解欧拉角、俯仰角、横滚角、偏航角，采用欧拉角来描述无人机的姿态，并用在控制系统的参数输入中。

欧拉角：莱昂哈德·欧拉用欧拉角来描述刚体在三维欧几里得空间的取向。对于在三维空间里的一个参考系，任何坐标系的取向，都可以用三个欧拉角来表示(图 6.5.4)。参考系又称为实验室参考系。本飞控使用我们定义的地理坐标系，地理坐标系是静止不动的。而刚体坐标系则固定于刚体，随着刚体的旋转而旋转(本实验的刚体坐标系为机体坐标系)。

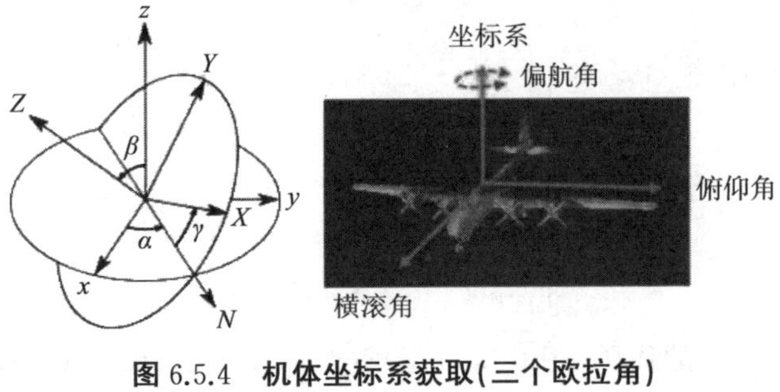


图 6.5.4　机体坐标系获取(三个欧拉角)

从欧拉角的描述可以知道，机体坐标系通过分别绕地理坐标系 $xyz$ 轴旋转三次可以和地理坐标系重合，旋转过程中产生的三个角，即描述无人机姿态的俯仰角、横滚角和偏航角，如图 6.5.5 所示。

**图 6.5.5　旋转过程中产生的三个角**

姿态解算会用到四元数。四元数和欧拉角一样，它们都可以用来描述无人机姿态，欧拉角适合用来做姿态控制时 PID 运算的输入参数，而四元数适合在姿态解算过程中用程序实现和表示。四元数和欧拉角都可以相互转换，转换时需要用到正交余弦矩阵。

四元数由威廉·哈密顿提出，是简单的超复数，由三个虚数单位 i、j、k 组成。而且四元数中定义了 $i^2=j^2=k^2=ijk=-1$，$i^o=j^o=k^o=1$，四元数乘法不符合交换律。每一个四元数都是 1、i、j、k 的线性组合，即形如 $w+xi+yj+zk$ 的数，其中 $w$、$x$、$y$、$z$ 都是实数。

2. 实验步骤

打开飞控上位机地面站，并选择飞控状态，进入飞控状态显示界面，在飞控代码中将陀螺仪数据清零，只使用加速度数据解算姿态，如图 6.5.6 所示。

代码路径：Project\applications\sensor_data_read.c。

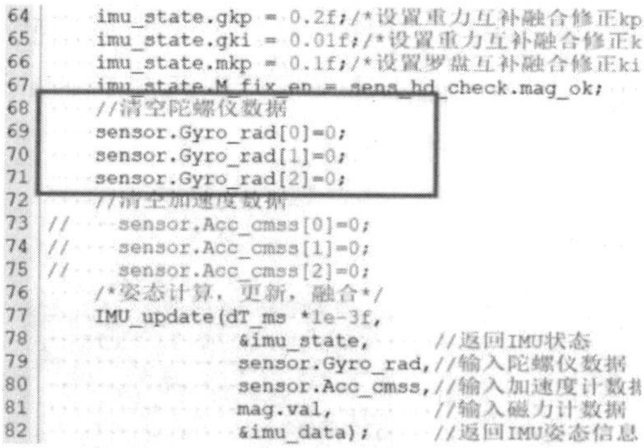

```
64      imu_state.gkp = 0.2f;/*设置重力互补融合修正kp
65      imu_state.gki = 0.01f;/*设置重力互补融合修正k
66      imu_state.mkp = 0.1f;/*设置罗盘互补融合修正ki
67      imu_state.M_fix_en = sens_hd_check.mag_ok;
68      //清空陀螺仪数据
69      sensor.Gyro_rad[0]=0;
70      sensor.Gyro_rad[1]=0;
71      sensor.Gyro_rad[2]=0;
72      //清空加速度数据
73  //      sensor.Acc_cmss[0]=0;
74  //      sensor.Acc_cmss[1]=0;
75  //      sensor.Acc_cmss[2]=0;
76      /*姿态计算，更新，融合*/
77      IMU_update(dT_ms *1e-3f,
78                 &imu_state,      //返回IMU状态
79                 sensor.Gyro_rad,//输入陀螺仪数据
80                 sensor.Acc_cmss,//输入加速度计数据
81                 mag.val,         //输入磁力计数据
82                 &imu_data);      //返回IMU姿态信息
```

**图 6.5.6　陀螺仪数据清零**

注释 69～71 行的代码(图 6.5.7)，清空陀螺仪数据，仅仅使用重力加速度数

据解算姿态，修改后重新编译代码，然后下载到飞控中。在静止状态下，观察地面站中无人机姿态的漂移情况，然后通过晃动无人机，观察地面站中无人机姿态的跟随情况并记录。

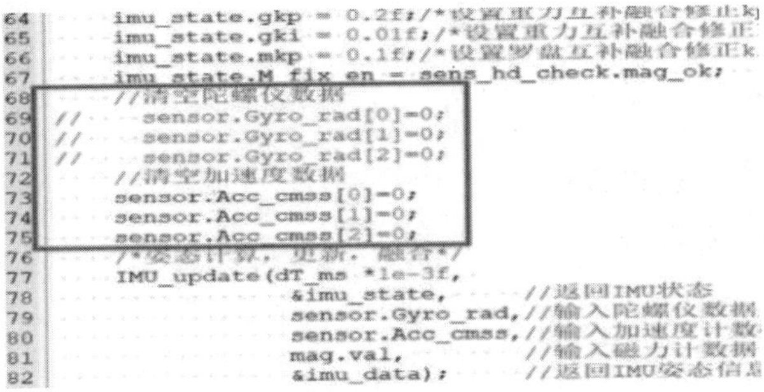

```
imu_state.gkp = 0.2f;/*设置重力互补融合修正k
imu_state.gki = 0.01f;/*设置重力互补融合修正
imu_state.mkp = 0.1f;/*设置罗盘互补融合修正k
imu_state.M_fix_en = sens_hd_check.mag_ok;
//清空陀螺仪数据
//    sensor.Gyro_rad[0]=0;
//    sensor.Gyro_rad[1]=0;
//    sensor.Gyro_rad[2]=0;
//清空加速度数据
sensor.Acc_cmss[0]=0;
sensor.Acc_cmss[1]=0;
sensor.Acc_cmss[2]=0;
/*姿态计算，更新，融合*/
IMU_update(dT_ms *1e-3f,
           &imu_state,       //返回IMU状态
           sensor.Gyro_rad,  //输入陀螺仪数据
           sensor.Acc_cmss,  //输入加速度计数
           mag.val,          //输入磁力计数据
           &imu_data);       //返回IMU姿态信息
```

**图** 6.5.7　**注释代码**

## 6.5.5　实验报告

① 阐述实验目的和实验内容；

② 分析总结加速度求解姿态和陀螺仪求解姿态的优劣；

③ 实验总结。

## 6.5.6　思考题

① 为什么要使用陀螺仪和加速度计共同解算姿态？

答：由于陀螺仪传感器不可能是理想的，会存在一定的误差和零点漂移，所以当长时间使用陀螺仪积分就会使误差放大。而加速度传感器比较灵敏，在短时间内极易受到震动的干扰，但加速度计数据在长时间维度下比较可靠。所以解决办法是对无人机进行校准和多数据融合计算，这样便能够得到比较准确的姿态数据。

② 为什么使用地磁传感器？

答：重力加速度正交分解不能得到偏航角数据，而使用陀螺仪角速度数据积分同样存在漂移的问题，所以使用地磁传感器和陀螺仪数据。

# 6.6 控制参数整定实验

## 6.6.1 实验目的

① 掌握 PID 参数设置；

② 熟悉 PID 参数调优。

## 6.6.2 实验要求

记录分析不同 PID 参数对飞行性能的影响。

## 6.6.3 实验设备

① 装有 Windows 系统的计算机（带 Keil μVision5 MDK-ARM 集成开发环境）；

② 智飞-250 无人机系统一套。

## 6.6.4 实验方法

1. 实验原理

（1）PID 的基本原理

PID 是一种闭环控制算法，是工业控制中最常见，也是各类控制算法中最常用的一种控制算法。

P 表示比例（proportional）控制，是一种最简单的控制方式。其输出与输入信号误差呈比例关系。仅仅使用比例控制算法存在稳态误差。

I 表示积分（integral）控制。在积分控制中，控制器的输出与输入信号误差的积分呈正比关系。在一个存在稳态误差的系统中，为了消除稳态误差，在控制器中必须引入“积分项”。积分项误差取决于时间的积分，随着时间的增加，积分项会增大。这样可使稳态误差进一步减小，直到接近于零。因此，PI 控制器，可以使系统在进入稳态后几乎无稳态误差。

D 表示微分（derivative）控制。在微分控制中，控制器的输出与输入信号误差的微分（误差的变化率）呈正比关系。如果自动控制系统存在较大惯性组件或滞后组件，就会出现误差输入延迟，从而导致系统震荡甚至失稳。因此，在控制器中仅引入 PI 控制往往是不够的,需要增加“微分项”,它能预测误差变化的趋势,提前使抑制误差的控制作用等于零,甚至为负值,从而避免被控量严重超调。对有较大惯性或滞后的被控对象,PID 控制器能改善系统在调节过程中的动态特性。

在飞控系统中比较经典的控制算法是采用两层 PID 控制(图 6.6.1),内环 PID 称为角速度环,外环 PID 称为角度环。

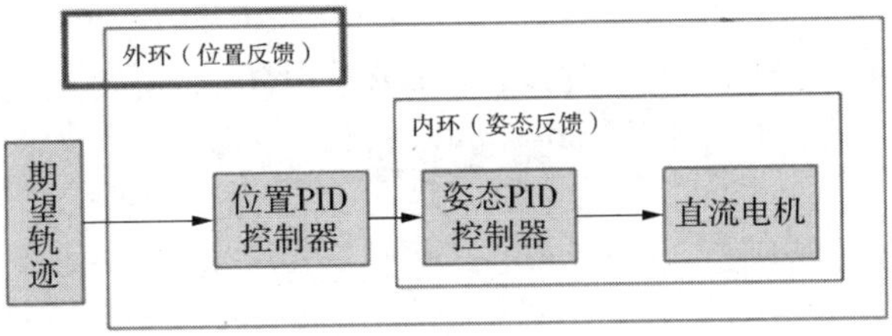


**图** 6.6.1 **两层** PID **控制**

飞控调参方法:对于串级 PID,一般是先调内环 PID,再调外环 PID;对于单个 PID,一般是先调 PD,再调 I,最后适当调整 D,有的应用场景可以没有 I 或 D。

(2) 内环 PID 的调整方法

① 将无人机固定在架子上,只保留横滚一个自由度,因为横滚和俯仰原理相同,参数相同,所以只需要调整好横滚参数,然后设置俯仰参数相同即可。

② 将姿态外环参数设置为 0,先调姿态内环 P,无人机出现小幅度等幅震荡是比较好的值。

③ 再调姿态内环 D,使无人机姿态角度单方向缓慢变化,也就是震荡的频率变低。

④ 这时可以适当加一些 I,直至无人机震动尽可能小,注意 I 参数不要太大。

(3) 外环 PID 调整方法

在调好内环的基础上,先调整外环 P 参数,直至无人机能稳定在一个地方,再人为给一个力,直到无人机能快速回稳即可。若无人机震荡,则 P 偏大,若恢复缓慢或不能回到初始状态,则 P 偏小。P 调整好之后调整 D 参数,D 参数太大,无人机也会剧烈抖动,D 太小,无人机恢复很慢。最后调整 I 参数,若在剧烈操作方向时无人机抖动,则表明 I 太大。

2. 实验步骤

在实验之前,先按照使用说明,安装螺旋桨,之后在无人机训练场上电。上电后操作者退出网内,在网外控制无人机,保证安全。

从零开始调整参数直至无人机顺利起飞将耗费大量的时间，少则一两天，多则几天，甚至十几天，并且需要做一些必要的保护措施，故可以在现有无人机能够起飞的基础上调整部分 PID 参数，总结这些参数在实际控制中的意义和不同参数下无人机飞行的不同外在表现。当比较熟悉各参数的意义之后，调整一个全新的无人机才能得心应手。

出厂默认的 PID 参数如图 6.2.2 所示。

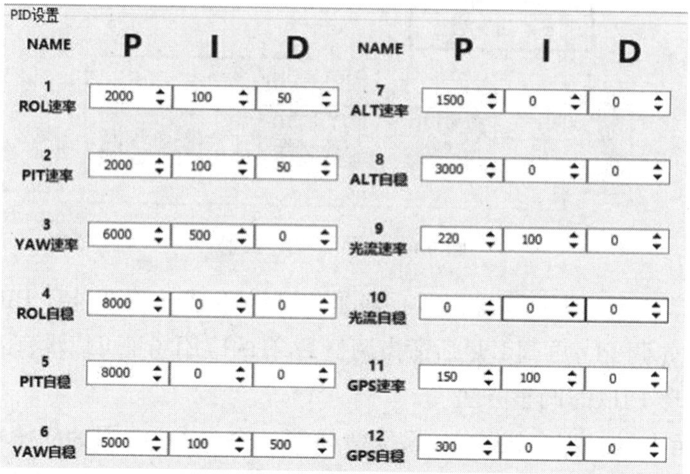


**图** 6.6.2　**出厂默认的** PID **参数**

所有的 PID 参数都分组为速率和自稳，速率即串级 PID 的内环，自稳即串级 PID 的外环。ROL 代表 roll，PIT 代表 pitch，YAW 代表 yaw。

① 使用系统默认参数控制无人机起飞，然后控制无人机前后左右飞行，感受控制灵敏度，感受完毕后降落无人机。

② 调整 ROL 自稳和 PIT 自稳，P 参数设为 4000，如图 6.6.3 所示。

在上电且已经降落的情况下，打开地面站的飞控设置，设置 P 参数。设置完成后控制无人机起飞，然后控制无人机前后左右飞行，感受控制灵敏度，并与默认参数为 8000 时控制的感受比较，感受完毕后降落无人机。

③ 调整 ROL 速率和 PIT 速率，P 参数设为 3000。

在上电且已经降落的情况下，打开地面站的飞控设置，设置 P 参数。设置完成后控制无人机起飞，然后观察飞行状态。在此过程中注意使用遥控控制无人机位置，避免无人机坠落或撞在训练场的网上。与第①步时的飞行感受比较，感受完毕后降落无人机。

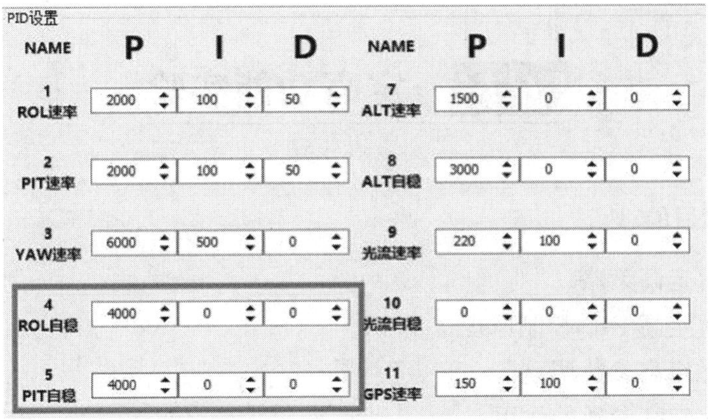


**图** 6.6.3　PID **调参**

④ 调整 ROL 速率和 PIT 速率，P 参数设为 500。

在上电且已经降落的情况下，打开地面站的飞控设置，设置 P 参数。设置完成后控制无人机起飞，然后观察无人机的飞行状态。在此过程中注意使用遥控控制无人机位置，避免无人机坠落或撞在训练场的网上。与第①步时的飞行感受比较，感受完毕后降落。

### 6.6.5　实验报告

① 阐述实验目的和实验内容；

② 分析总结不同 PID 设置的飞行状态变化；

③ 实验总结。

### 6.6.6　思考题

为什么 ROL 速率和 PIT 速率的 PID 参数完全一样？

答：对于四轴来说，滚转角和俯仰角是相似的，只是运动的方向不一样，当我们定义不同的机头方向时，滚转和俯仰相当于互换了，所以 PID 控制参数可以完全一样。

# 6.7 定高功能实验

## 6.7.1 实验目的

① 了解定高策略；

② 了解定高 PID 控制原理；

③ 熟悉定高参数调整；

④ 掌握定高参数的作用。

## 6.7.2 实验要求

① 记录 ALT 速率调整对定高的影响；

② 记录 ALT 自稳 PID 参数对定高的影响。

## 6.7.3 实验设备

① 装有 Windows 系统的计算机(带 Keil μVision5 MDK-ARM 集成开发环境)；

② 智飞-250 无人机系统一套。

## 6.7.4 实验方法

1. 实验原理

由于外界因素的影响，四旋翼无人机的高度有时不够稳定，但有时需要四旋翼无人机稳定在一个特定的高度完成特定的任务，所以需要对四旋翼无人机进行闭环定高控制。当然，控制算法依然采用 PID 控制，反馈的高度可以参考通过气压计获取到的相对高度或通过激光定高传感器获取到的相对地面的绝对高度。对于定高 PID 参数调整，同样先调节 P 参数，然后调整 I 参数，最后调整 D 参数。

在本飞控系统中，有气压计和激光测距仪两种高度传感器，它们各有优缺点。

气压计测量范围宽，可以通过气压高度公式得到高度值。通过在上电时刻记录下相对气压高度值，可以得到无人机飞行过程中的相对高度。通过气压高度的变化可以实现相对定高操作。不过，通过气压计换算出来的高度稳定性很差，因为气压对温度环境十分敏感，在静止不动的情况下气压计的值漂移都可能达到米级误差。

激光测距传感器测量精度高，抗干扰能力比较强，但测量距离较近。

定高控制依然采用串级PID控制(2级PID)，同时无人机提供了绝对定高和相对定高两种定高模式。在绝对定高模式中，高度从外环PID输入，经PID调整后，由外环输入内环，然后内环PID调整后，将内环PID的输出转换为油门控制输出。相对定高模式下，将垂直变化的速度量通过高度PID内环输入，然后将内环PID的输出转换为上升下降的油门控制，保证无人机在一定的高度区间飞行。

2. 实验步骤

(1) 调整ALT速率，P参数设为500

在无人机上电且已经降落的情况下，通过地面站的PID参数调整，设置ALT速率的P参数为500，然后起飞无人机，观察无人机高度稳定的效果，并记录，观察完成后降落无人机。

(2) 调整ALT速率，P参数设为1500

在无人机上电且已经降落的情况下，通过地面站的PID参数调整，设置ALT速率的P参数为1500，然后起飞无人机，观察无人机高度稳定的效果，并记录，观察完成后降落无人机。

(3) 调整ALT速率，P参数设为2500

在无人机上电且已经降落的情况下，通过地面站的PID参数调整，设置ALT速率的P参数为2500，然后起飞无人机，观察无人机高度稳定的效果，并记录，观察完成后降落无人机。

(4) 恢复ALT速率，P参数设为默认值

恢复ALT速率，并将P参数设为默认值。

(5) 调整ALT自稳，P参数设为2000

在无人机上电且已经降落的情况下，通过地面站的PID参数调整，设置ALT自稳的P参数为2000，然后起飞无人机，观察无人机高度稳定的效果，并记录，观察完成后降落无人机。

(6) 调整ALT自稳，P参数设为3000

在无人机上电且已经降落的情况下，通过地面站的PID参数调整，设置ALT自稳的P参数为3000，然后起飞无人机，观察无人机高度稳定的效果，并记录，观察完成后降落无人机。

(7) 调整ALT自稳，P参数设为4000

在无人机上电且已经降落的情况下，通过地面站的PID参数调整，设置

ALT 自稳的 P 参数为 4000，然后起飞无人机，观察无人机高度稳定的效果，并记录，观察完成后降落无人机。

### 6.7.5 实验报告

① 阐述实验目的和实验内容；

② 分析 ALT 速率和 ALT 自稳参数对无人机飞行高度稳定性能的影响；

③ 实验总结。

### 6.7.6 思考题

① 当前高度稳定是基于相对定高还是绝对定高？

答：相对定高。

② ALT 自稳没有 I 参数会导致什么结果？

答：当 ALT 自稳没有 I 参数时，可能会导致无人机一直朝一个方向偏离（一直向上或向下）。

## 6.8 定点悬停实验

### 6.8.1 实验目的

① 了解定点原理；

② 了解定点 PID 控制；

③ 熟悉定点 PID 参数调整；

④ 掌握定点 PID 参数的作用。

### 6.8.2 实验要求

① 记录光流速率 PID 参数对定点性能的影响；

② 记录光流自稳 PID 参数对定点性能的影响。

### 6.8.3 实验设备

① 装有 Windows 系统的计算机（带 Keil μVision5 MDK-ARM 集成开发环境）；

② 智飞-250 无人机系统一套。

### 6.8.4　实验方法

1. 实验原理

定点功能一般包含了水平定点和垂直定点。

在四旋翼无人机的应用中，有时会用到悬停的功能，为了实现稳定的悬停功能，就需要用到光流模块返回 $x$ 和 $y$ 方向的速度来实现闭环控制。如果采用开环控制，由于一些不可控的外界因素，无人机会晃动，稳定性不能满足要求。闭环控制能最大限度地消除晃动，提升稳定性。除光流闭环之外，也可以采用其他闭环控制方式，如使用 GPS 或 UWB 等全局定位装置来实现闭环悬停。

光流速度闭环悬停的(图 6.8.1)工作原理是：朝下安装的光流会检测地面目标的暗点和亮点，当无人机移动时，目标的暗点和亮点也会移动，通过运算就能判断出无人机相对于像素点的移动速度。一般光流输出值包含 $x$、$y$ 两个速度值。将光流模块输出的速度值输入至飞行控制器的横滚和俯仰通道，通过 PID 来匹配它们之间的位移速度关系，实现反向控制，保证了原地定点，如图 6.8.1 所示。

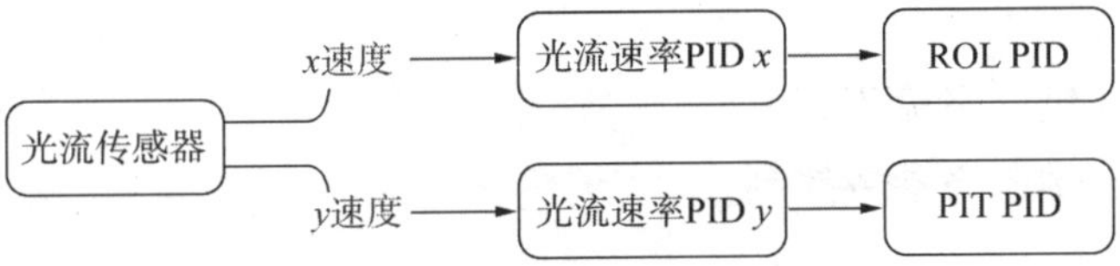


**图 6.8.1　光流的速度闭环悬停控制示意图**

2. 实验步骤

(1) 调整光流速率，P 参数设为 50

在无人机上电且已经降落的情况下，通过地面站的 PID 参数调整，设置光流速率的 P 参数为 50，然后起飞无人机，观察无人机定点稳定的效果，并记录，观察完成后降落无人机。

(2) 调整光流速率，P 参数设为 220

在无人机上电且已经降落的情况下，通过地面站的 PID 参数调整，设置光流速率的 P 参数为 220，然后起飞无人机，观察无人机定点稳定的效果，并记录，观察完成后降落无人机。

(3) 调整光流速率，P 参数设为 400

在无人机上电且已经降落的情况下，通过地面站的 PID 参数调整，设置光流速率的 P 参数为 400，然后起飞无人机，观察无人机定点稳定的效果，并记录，观察完成后降落无人机。

### 6.8.5 实验报告

① 阐述实验目的和实验内容；
② 分析光流速率参数对无人机飞行定点稳定性能的影响；
③ 实验总结。

### 6.8.6 思考题

如果没有光流速率 I 参数会怎么样？
答：如果没有积分参数，无人机可能会存在缓慢漂移的情况。

## 6.9 一键起飞控制实验

### 6.9.1 实验目的

① 了解一键起飞流程；
② 掌握一键起飞参数控制。

### 6.9.2 实验要求

记录不同起飞参数对一键起飞的影响。

### 6.9.3 实验设备

① 装有 Windows 系统的计算机（带 Keil μVision5 MDK-ARM 集成开发环境）；

② 智飞-250 无人机系统一套。

### 6.9.4 实验方法

1. 实验原理

一键起飞在自动化飞行应用中十分常见，可以通过一键起飞代码实现无人机的自动起飞和巡航，使无人机能够适配更多的应用场景。

一键起飞分为全速上升、减速上升、高度保持三个阶段。具体流程如图 6.9.1 所示。在起飞的第一阶段，必须快速上升，否则可能导致起飞失败，甚至炸机；第二阶段，当起飞后接近目标高度时需要减速上升；第三阶段是在目标高度附近维持悬停。

一键起飞需要在定点模式下使用，若没有处于定点模式，则需要操作者有较高的实践飞行经验，否则可能会导致起飞后无人机四处飘飞。

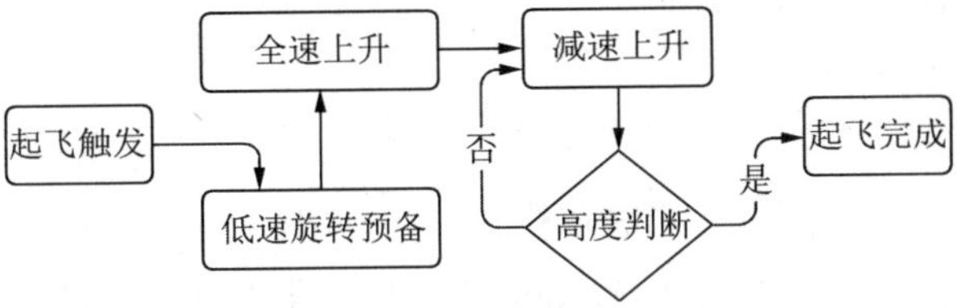


图 6.9.1　一键起飞流程

2. 实验步骤

(1) 起飞参数设置

将无人机通电，打开并连接地面站软件，在地面站中找到拓展功能→飞控设置→参数设置界面，设置起飞速度为 20 cm/s，起飞高度为 60 cm。

(2) 起飞触发

在定点模式下，打开遥控器(图 6.9.2)，将开关 SWB 拨动到中间挡位，即红色位置(将无人机设置为定点模式)，将 SWA 开关也拨动到中间挡位，此时无人机将自动起飞，记录起飞的速度和起飞的状态。

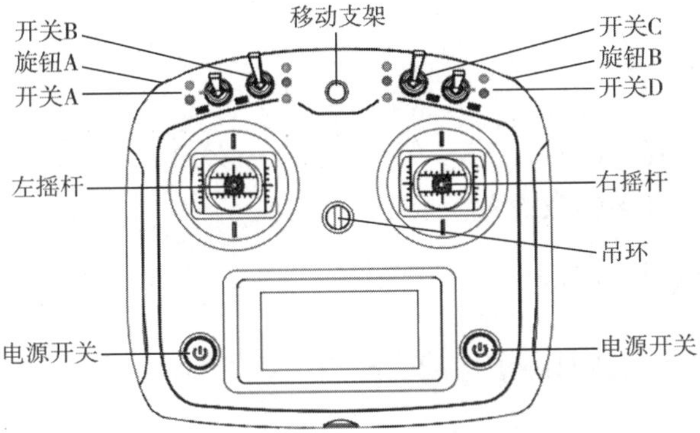


图 6.9.2　遥控器

(3) 控制无人机降落

控制无人机降落时，可将油门拉低，直至油门到最低位置并保持几秒钟即可。

(4) 再次设置起飞参数，并触发一键起飞

将起飞速度设置为 40，然后按照第二步起飞，观察并记录起飞的状态。

### 6.9.5 实验报告

① 阐述实验目的和实验内容；

② 分析不同起飞速度对一键起飞性能的影响；

③ 实验总结。

### 6.9.6 思考题

① 一键起飞速度是不是越快越好?

答:不是。起飞速度在保证无人机能正常起飞的速度下稍微增加一点即可,不要过大,太大会导致起飞瞬间上升速度过快从而超出起飞高度。同时过大的起飞速度需要很大的电流,并且速度越大越考验无刷电机和无刷电调的性能。

② 一键起飞后无人机不能稳定是什么原因?

答:无人机起飞后若要稳定悬停,光流传感器需要地面有明暗相间的条纹才能工作在最佳状态,同时需要检查无人机底部的光流传感器是否工作正常,并且初次使用或者更换场地需要进行一次罗盘校准(校准方法参考使用说明书)。

## 6.10 一键降落控制实验

### 6.10.1 实验目的

① 了解一键降落流程；

② 掌握一键降落参数设置。

### 6.10.2 实验要求

记录不同降落参数对降落性能的影响。

### 6.10.3 实验设备

① 装有 Windows 系统的计算机(带 Keil μVision5 MDK-ARM 集成开发环境)；

② 智飞-250 无人机系统一套。

### 6.10.4　实验方法

1. 实验原理

一键降落常用于自动化飞行，当无人机抵达目的地或者失去控制信号时，都可以触发无人机的自动降落，这样可以在无人机失控时，降低对地面人员的安全威胁，也可以减少经济损失。

一键降落需要精确控制降落时动力的临界点。如果下降过快，易失控致降落失败；如果下降过慢，既增加了降落时间，也增加了降落失事的风险。

2. 实验步骤

遥控器如图 6.10.1 所示。

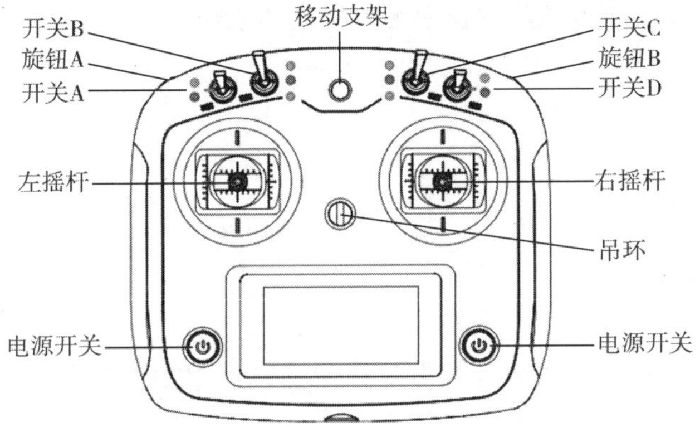


**图 6.10.1　遥控器**

(1) 设置一键降落参数

将无人机上电后，通过地面站连接无人机，并将降落速度设置为 20 cm/s。

(2) 一键起飞无人机

将无人机设置为定点模式，并一键起飞无人机。

(3) 一键降落无人机

在一键起飞时，SWA 开关已拨动到中间挡位，此时，将 SWA 再次拨动到上方挡位，就可以触发一键降落，观察并记录无人机的状态。

(4) 重新设置降落速度

将无人机上电，保持无人机静止状态下，通过地面站重新将降落速度设置为 100 cm/s。

(5) 一键起飞无人机，然后降落

重复上面的步骤，先起飞无人机，然后降落，观察降落状态并记录。

### 6.10.5 实验报告

① 阐述实验目的和实验内容；
② 分析不同降落速度对一键降落性能的影响；
③ 实验总结。

### 6.10.6 思考题

无人机降落速度设置的范围是什么？

答:在飞控源代码中,将无人机的最大降落速度限制在 20～200 cm/s。最小值 20 cm/s 是为了避免降落速度过慢导致降落失败,最大值 200 cm/s 是为了避免降落速度过快导致降落过程中无人机损坏或炸机。

# 第7章　多旋翼无人机视觉功能应用实验

## 7.1　系统镜像安装及环境搭建

### 7.1.1　实验目的

掌握搭建开发环境与安装树莓派4B系统镜像的方法。

### 7.1.2　实验要求

① 完成树莓派镜像烧录；

② 完成Python＋OpenCV开发环境的搭建。

### 7.1.3　实验设备

① 个人计算机一台；

② TF卡(MicroSD卡)一张；

③ 读卡器一个。

### 7.1.4　实验方法

1. 安装系统

(1) 准备工具

准备TF卡(Micro SD卡)一张，读卡器一个，把TF卡插入读卡器中，如图7.1.1所示；把插有TF卡的读卡器插入机箱口。

图7.1.1　工具

(2) 安装 SD Card Formatter 格式化工具

① 双击 SD Card Formatter 安装文件(图 7.1.2)。

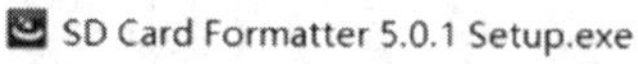


图 7.1.2 SD Card Formatter 安装文件

② 打开文件后,进入 Welcome 界面(图 7.1.3),单击“Next”按钮。

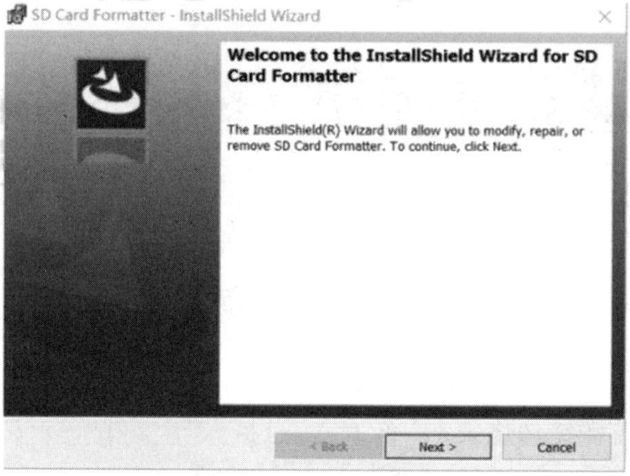


图 7.1.3 Welcome 界面

③ 进入 Program Maintenance 界面(图 7.1.4),第一次安装,选中“Modify”单选按钮,单击“Next”按钮。

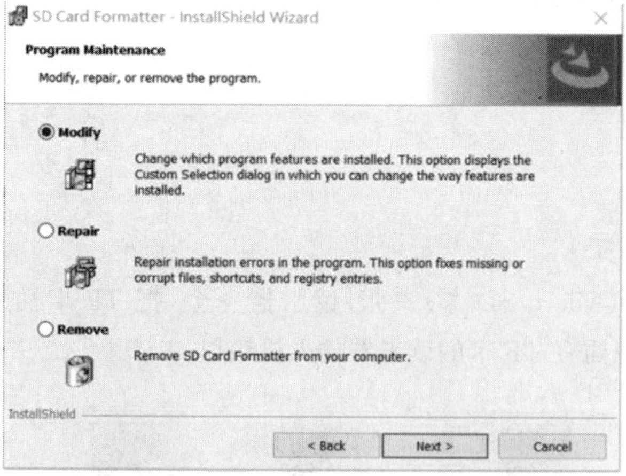


图 7.1.4 Program Maintenance 界面

④ 进入安装界面(图 7.1.5),单击“Install”按钮。

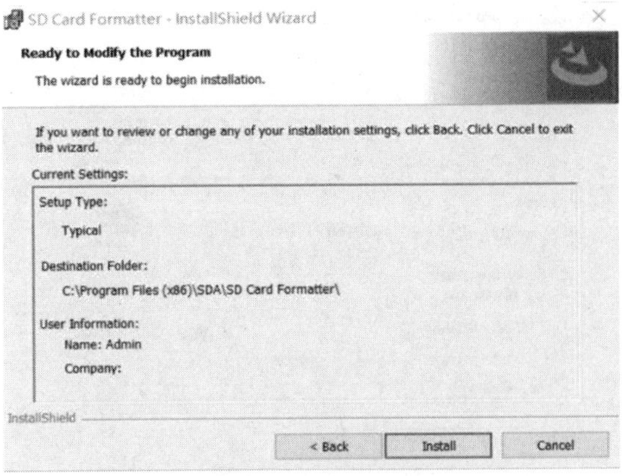


**图 7.1.5　安装界面**

⑤ 安装完成界面如图 7.1.6 所示，单击“Finish”按钮。

**图 7.1.6　安装完成界面**

⑥ 安装 SD Card Formatter 成功后，桌面上会显示 SD Card Formatter 的快捷方式图标(图 7.1.7)。

**图 7.1.7　SD Card Formatter 的快捷方式图标**

(3) 格式化 TF 卡

SD Card Formatter 安装成功后，将内存卡插在计算机上，打开软件，首页界面如图 7.1.8 所示。

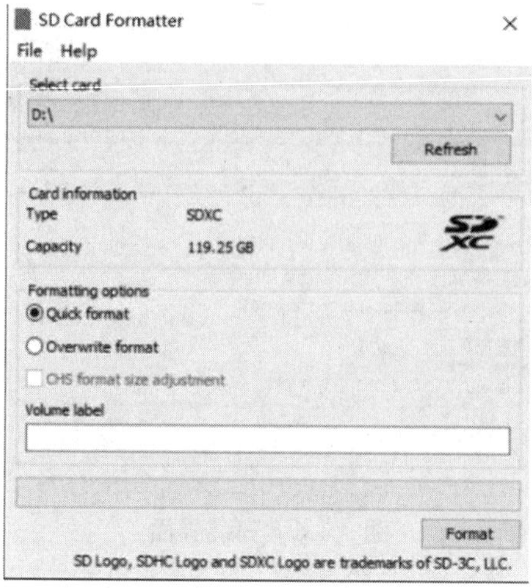


**图** 7.1.8 **首页界面**

选择要格式化的内存卡，单击“Format”按钮，在弹出的对话框（图 7.1.9）中单击“是”按钮，完成格式化。

**注意** 确认 TF 卡的盘符，避免格式化其他盘，导致资料损失。

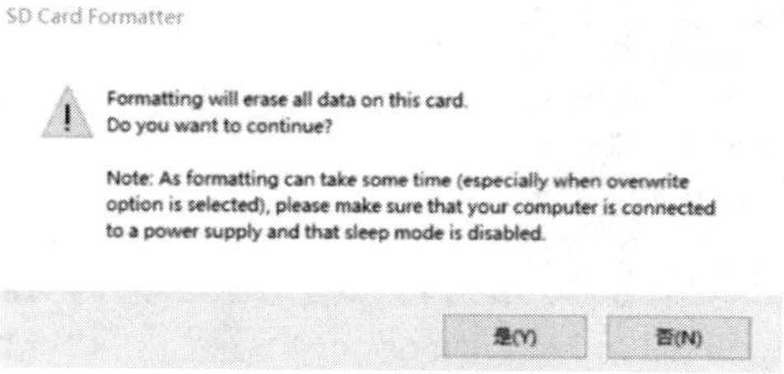


**图** 7.1.9 **警告对话框**

(4) 镜像写入工具 Win32 Disk Imager

① 双击 Win32Diskimager.exe 文件（图 7.1.10），打开镜像写入工具。

**图** 7.1.10 Win32Diskimager.exe **文件**

② 选择下载解压后的 img 格式的 uav_250_v1.0.1_img 镜像文件，Device 下

选择对应的 SD 卡，然后单击“Write”按钮，如图 7.1.11 所示。

**注意**　Read 表示镜像备份，写入镜像需要选 Write。

③ 写入完成后会弹出“Write Successful.”的提示，如图 7.1.12 所示。

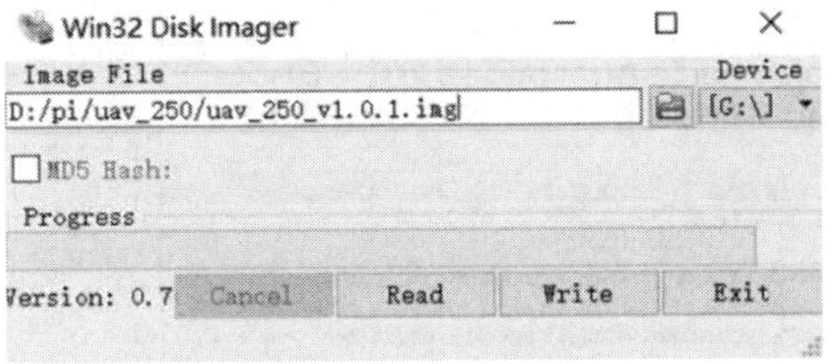


图 7.1.11　**选择镜像**

图 7.1.12　**写入完成**

④ 在弹出的提示对话框中单击“取消”按钮，如图 7.1.13 所示。

**注意**　写入完成后如果不按“取消”按钮，卡在开机时会有 kernel panic-not syncing：vfs：unable to mount root fs on unknow block 的错误提示。

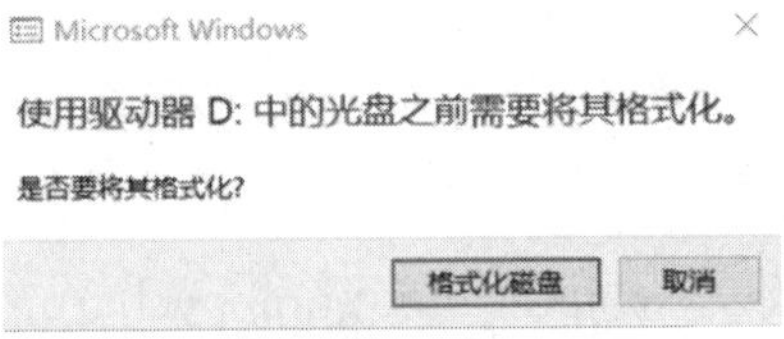


图 7.1.13　**提示**

2. Python+OpenCV 开发环境的搭建

(1) 下载 Anaconda

进入官网 https://www.anaconda.com/，下载与系统对应的版本，这里选择 Windows 系统下 Python 3.7 版本(图 7.1.14)。

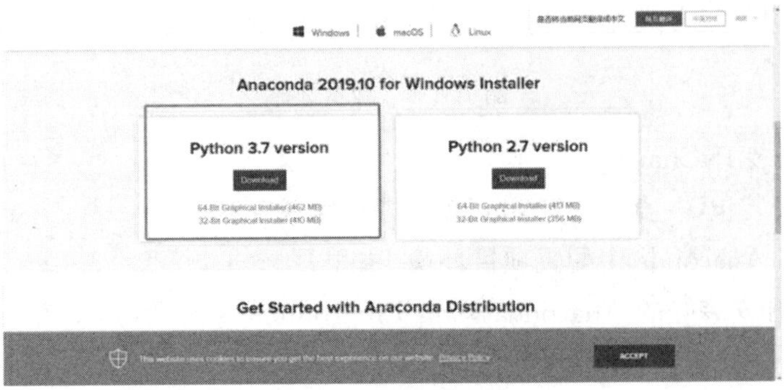


图 7.1.14　**版本选择**

（2）安装 Anaconda

打开已下载的 Anaconda 安装包(图 7.1.15)，一直单击“Next”按钮即可完成安装。

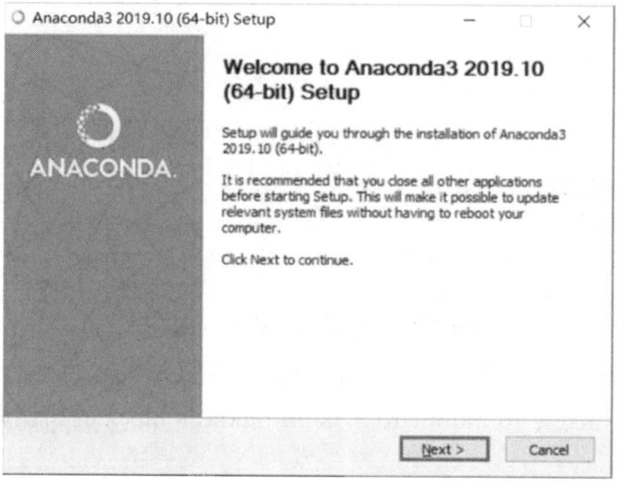


图 7.1.15　Anaconda 的安装

（3）下载 PyCharm

打开网址 https://www.jetbrains.com/pycharm/download/# section = windows，下载与系统对应的版本(图 7.1.16)。

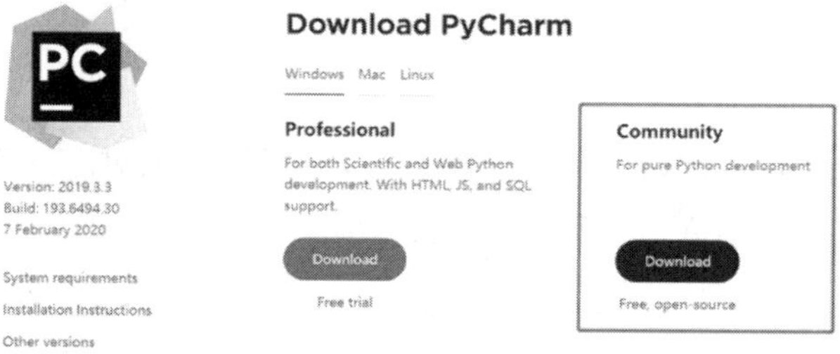


图 7.1.16　版本选择

（4）安装 PyCharm

打开安装包，一直单击“Next”按钮即可完成安装。

（5）在 Anaconda 中配置项目环境

① 打开安装好的 Anaconda，单击 Environments 选项，如图 7.1.17 所示。

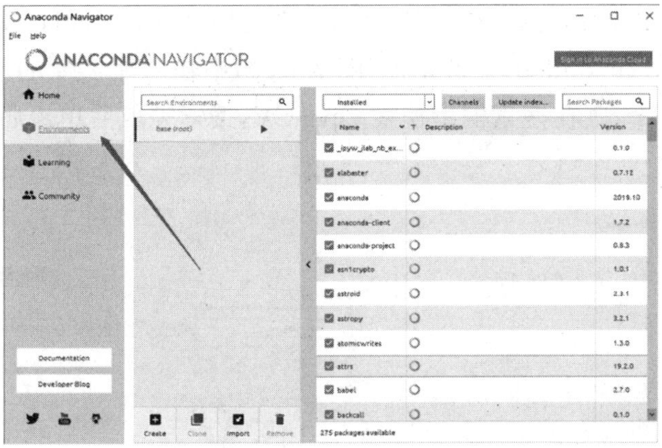


图 7.1.17　Environments 界面

② 单击“Create”按钮，进行虚拟环境创建，如图 7.1.18 所示。

图 7.1.18　虚拟环境创建

③ 在弹出的对话框中选择 Python 脚本并设置为 3.7，然后单击“Creat”按钮(图 7.1.19)，这样项目的 Python 环境就创建完成了。

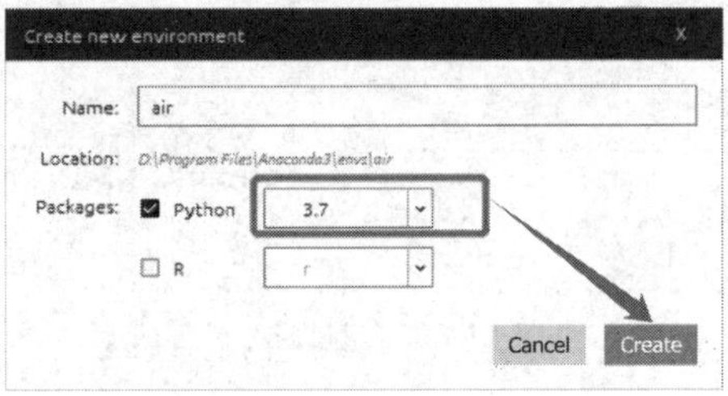


图 7.1.19　Python 环境创建

④ 在 Python 开发过程中所需要的包都可以在 Anaconda 创建的环境中下载。切换到 Not installed，在搜索框（图 7.1.20）中输入所需要的包。例如，需要安装 OpenCV 库，则在搜索框里搜索 OpenCV，搜索完成后单击后面的箭头即可进行安装。

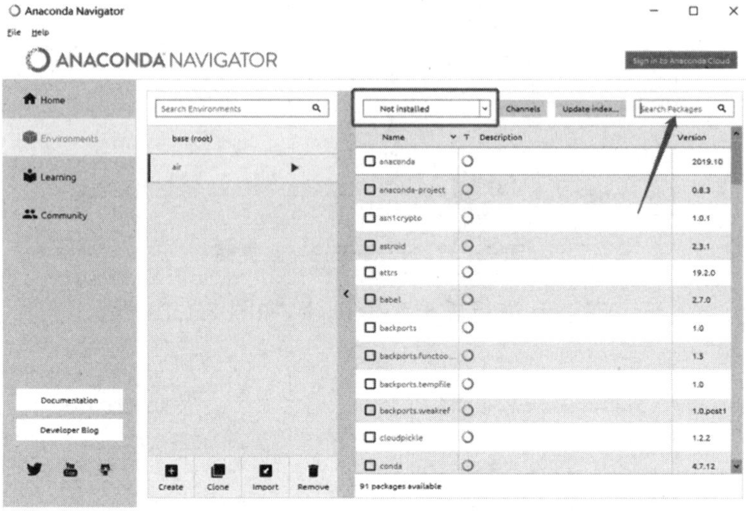


图 7.1.20　OpenCV 安装

(6) 在 Pycharm 中引用 Anaconda 中设置的 Python 脚本环境目录

① 打开 Pycharm 创建一个项目，在项目环境中选择使用外部环境，如图 7.1.21 所示。

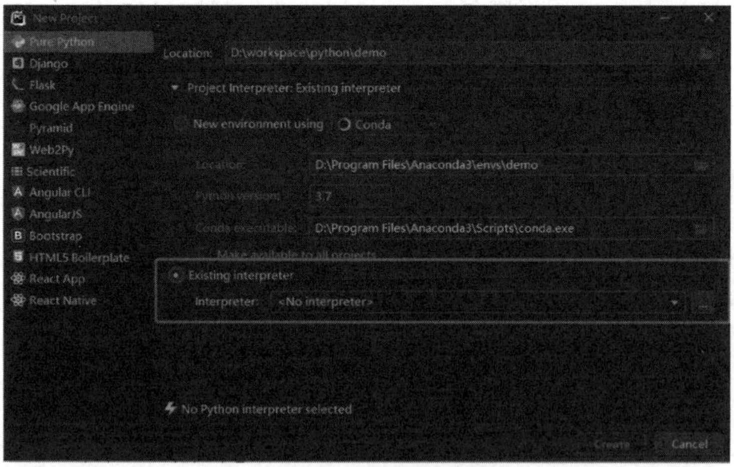


图 7.1.21　创建项目

② 选择在 Anaconda 中创建的环境(图 7.1.22),环境目录在 Anaconda 的安装目录中 envs 的文件夹中;选择创建好的 air 文件夹下的 Python.exe。Pycharm 能够自动识别 Conda 环境;如未识别,则手动通过上述操作找到相应的文件。

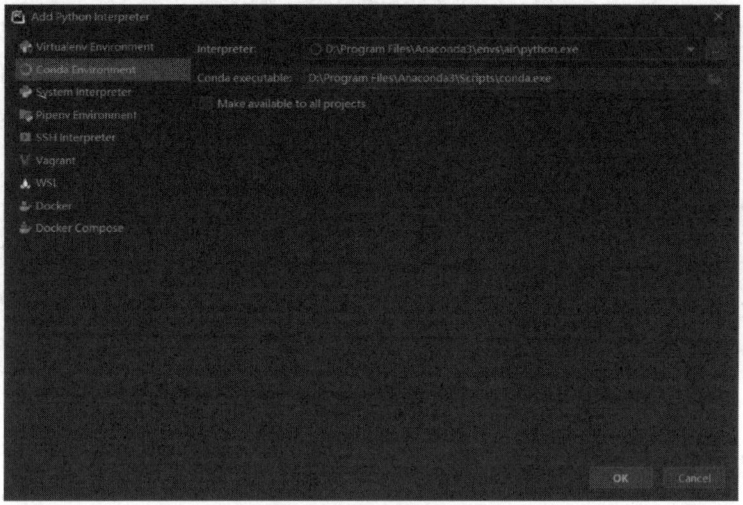


**图** 7.1.22　**创建环境**

③ 单击“Creat”按钮,即可完成第一个 Python 项目创建,如图 7.1.23 所示。

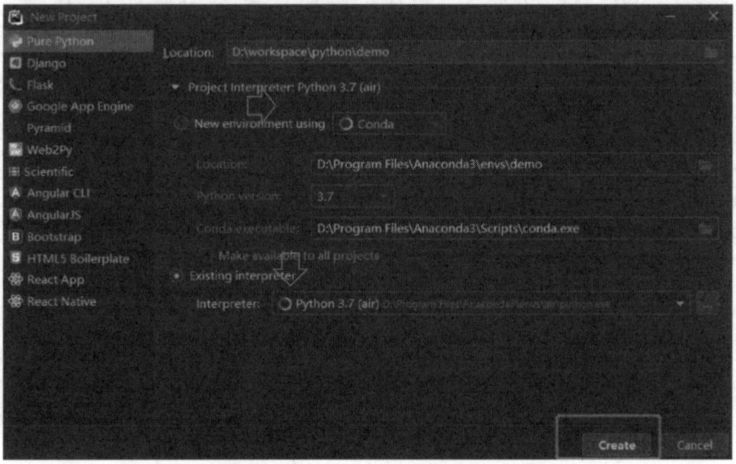


**图** 7.1.23　Python **项目创建**

④ 如图 7.1.24 所示，右击创建一个 Python 文件。

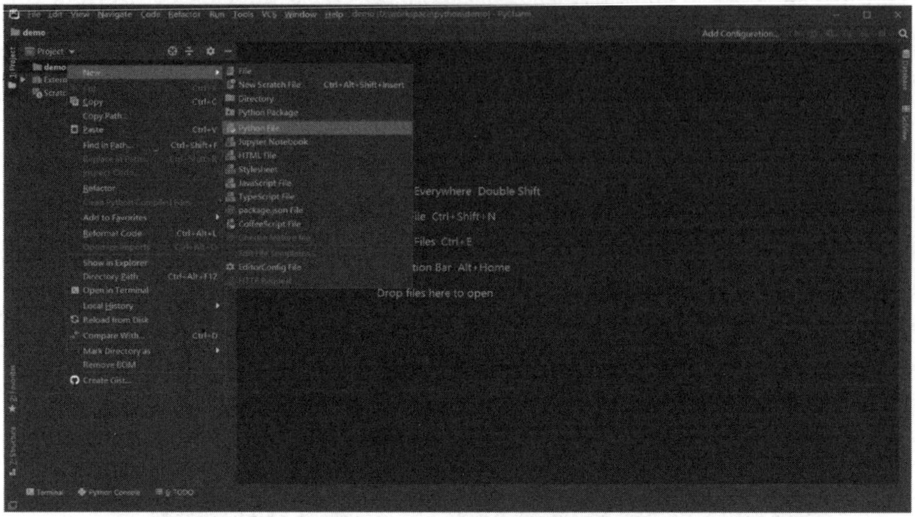


**图 7.1.24　创建 Python 文件**

⑤ 编写一个“Hello World”程序，单击运行按钮即可看到控制台打印出了“Hello World”的字样，至此说明 Python 环境搭建成功，如图 7.1.25 所示。

**图 7.1.25　Python 环境搭建成功**

### 7.1.5　实验结果

镜像烧录并开机启动后，会自行安装系统，大约耗时 15 min，之后就会进入系统界面；Python 环境搭建完成后，经过一个 demo 测试，看到程序正常运行，至此，完成本次实验。

### 7.1.6　实验报告

① 阐述实验目的和实验内容。

② 说明实验步骤；

③ 实验总结。

### 7.1.7　思考题

① 在树莓派系统镜像烧写过程中，使用 Win32 Disk Imager 工具时，为什么在写入完成后必须单击“取消”而不是确认格式化提示？如果误操作会怎样？

答：写入完成后弹出的格式化提示是 Windows 系统误认为 SD 卡需要重新格式化，但实际上镜像已完整写入，此时格式化会破坏已烧录的系统文件。

如果误单击确认格式化，会导致 SD 卡中的系统文件被清除，树莓派启动时会出现错误提示（如 kernel panic-not syncing：vfs：unable to mount root fs on unknown block），无法正常进入系统。

解决方法：重新使用 Win32 Disk Imager 烧录镜像。

② 在 Python 开发环境搭建中，为什么要通过 Anaconda 创建虚拟环境？如何在虚拟环境中安装 OpenCV 库？

答：虚拟环境不仅可以隔离不同项目的依赖库，避免版本冲突，而且方便管理特定版本的 Python 解释器和第三方包（如 OpenCV）。

安装 OpenCV 的步骤：在 Anaconda Navigator 中进入目标虚拟环境（如 air）；切换到 Not installed 标签，搜索 OpenCV；勾选 OpenCV-Python 包，单击右下角 Apply 按钮完成安装。

③ 在 PyCharm 中如何关联 Anaconda 创建的虚拟环境？如果 PyCharm 未能自动识别 Conda 环境，应如何手动配置？

答：PyCharm 通常会自动检测 Anaconda 安装的虚拟环境，在创建项目时可直接选择对应的 Conda Environment。

手动配置步骤：在 PyCharm 中创建新项目时，选择 Previously configured

interpreter，单击齿轮图标→Add→Conda Environment；指定 Anaconda 安装目录下的虚拟环境路径(如 Anaconda3\envs\air\python.exe)；确认后即可使用该环境的 Python 解释器和已安装的库(如 OpenCV)。

# 7.2 Python 编程基础与串口通信实验

## 7.2.1 实验目的

① 了解 Python 基础编程、如何使用类操作及类的继承；

② 通过使用 Python 面向对象编写 Python 串口工具类。

## 7.2.2 实验要求

① 掌握 Python 面向对象编程基础，包括类的定义、继承、方法重写及 super()的使用；

② 完成串口工具类的设计与实现，具备串口连接管理、数据收发等基本功能，并体现面向对象封装特性。

## 7.2.3 实验设备

① 操作系统：Debian Linux；

② 应用工具：树莓派 4B，智飞-250 无人机系统，显示器。

## 7.2.4 实验方法

1. Python 基础

Python 语法比较简单，采用缩进方式，代码界面如图 7.2.1 所示。

```
# print absolute value of an integer:
a = 100
if a >= 0:
    print(a)
else:
    print(-a)
```

**图 7.2.1 代码界面**

以“#”开头的语句是注释，注释可以方便读者阅读运行代码，Python解释器会忽略注释。其他每一行都是一个语句，当语句以“:”结尾时，缩进语句视为代码块。按照Python的约定，应该始终坚持使用四个空格的缩进。

2. Python数据类型和变量

计算机顾名思义就是可以做数学计算的机器，因此计算机程序理所当然地可以处理各种数值。但是，计算机能处理的远不止数值，还可以处理文本、图形、音频、视频、网页等各种各样的数据。不同的数据，需要定义不同的数据类型。在Python语言中，能够直接处理的数据类型有以下几种。

(1) 整数

Python可以处理任意大小的整数，当然包括负整数，在程序中的表示方法和数学上的写法一模一样，如1、100、−8080、0等。因为计算机使用二进制，所以有时用十六进制表示整数比较方便。十六进制用0x前缀和数字0～9、字母a～f表示，如0xa5b4c3d2。

(2) 浮点数

浮点数表示小数，之所以称为浮点数，是因为按照科学记数法表示时，一个浮点数的小数点位置是可变的，比如，$1.23\times10^9$和$12.3\times10^8$是完全相等的。浮点数可以用数学写法，如1.23、3.14、−9.01等。但是对于很大或很小的浮点数，就必须用科学记数法表示，其中10用e替代，如$1.23\times10^9$就是1.23e9，0.000012可以写成1.2e−5。整数和浮点数在计算机内部存储的方式是不同的，整数运算是精确的，而浮点数运算则可能会有四舍五入的误差。

(3) 字符串

字符串是以单引号(')或双引号(")括起来的任意文本，如'abc'、"xyz"等。请注意，''或""本身只是一种表示方式，不是字符串的一部分，因此字符串'abc'只有a,b,c这三个字符。如果'本身也是一个字符，那就可以用''括起来，比如"I'm OK"包含I、'、m、空格、O、K这6个字符。如果字符串内部既包含'，又包含"，可以用转义字符\来标识，如图7.2.2所示。其表示的字符串内容如图7.2.3所示。

```
'I\'m \"OK\"!'
```

图7.2.2　字符串

```
I'm "OK"!
```

图7.2.3　字符串内容

转义字符“\”可以转义很多字符，比如\n表示换行、\t表示制表符。字符\本身也要转义，所以\\表示的字符就是\。可以在Python的交互式命令行用

print()打印字符串。

Python 语言中字符串有两种取值顺序(图 7.2.4)：

① 从左到右索引默认 0 开始的,最大范围字符串长度少 1;

② 从右到左默认−1 开始,最大范围字符串开头。

要实现从字符串中获取一段子字符串,可以使用[头下标:尾下标]来截取相应字符串。下标从 0 开始算起,可以是正数或者负数,下标为空表示截取到头或尾。[头下标:尾下标]获取的子字符串包含头下标的字符,但不包含尾下标的字符,如图 7.2.5 所示。

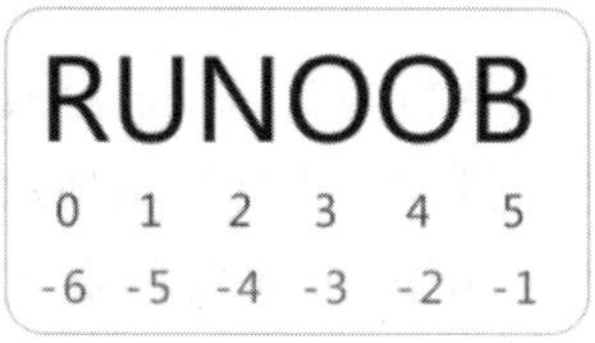


**图 7.2.4　两种取值顺序**

```
>>> s = 'abcdef'
>>> s[1:5]
'bcde'
```

**图 7.2.5　子字符串获取**

加号(+)是字符串连接运算符,星号(*)指重复操作。

(4) 布尔值

布尔值和布尔代数的表示完全一致,一个布尔值只有 True、False 两种值。在 Python 语言中,可以直接用 True、False 表示布尔值。布尔值可以用 and、or、not 运算(图 7.2.6):and 运算是与运算,只有所有都为 True,and 运算结果才是 True;or 运算是或运算,只要其中一个为 True,or 运算的结果就是 True;not 运算是非运算,这是一个单目运算符,把 True 变成 False,把 False 变成 True。

```
>>> True and True
True
>>> True and False
False
>>> False and False
False
>>> 5 > 3 and 3 > 1
True
```

```
>>> True or True
True
>>> True or False
True
>>> False or False
False
>>> 5 > 3 or 1 > 3
True
```

```
>>> not True
False
>>> not False
True
>>> not 1 > 2
True
```

**图 7.2.6　布尔值程序**

(5) 空值

空值是 Python 里一个特殊的值,用 None 表示。None 不能理解为 0,因为 0 是有意义的,而 None 是一个特殊的空值。

(6) 变量

变量的概念基本上和初中代数介绍的方程变量是一致的，只是在计算机程序中，变量不仅是数字，还可以是任意数据类型。

变量在程序中用一个变量名表示，变量名须是英文、数字和下划线(_)的组合，且不能用数字开头。

如图 7.2.7 所示，该语句的意思是 a 是一个整数。

如图 7.2.8 所示，该语句的意思是 t_007 是一个字符串。

```
a = 1
```

**图** 7.2.7　**整数** a **的赋值**

```
t_007 = 'T007'
```

**图** 7.2.8　**字符串** t_007 **的赋值**

在 Python 语言中，等号(=)是赋值语句，可以把任意数据类型赋值给变量，同一个变量可以反复赋值，而且可以是不同类型的变量，如图 7.2.9 所示。

```
a = 123 # a是整数
print(a)
a = 'ABC' # a变为字符串
print(a)
```

**图** 7.2.9　**多次赋值**

(7) Python 列表

列表(List)是 Python 语言中使用较频繁的数据类型。

列表支持字符、数字、字符串甚至包含列表(嵌套)，可以完成大多数集合类的数据结构。

列表用[ ]标识，是 Python 最通用的复合数据类型。

列表中的值可以用变量[头下标:尾下标]截取相应的列表，从左到右索引默认从 0 开始，从右到左索引默认从 −1 开始，下标可以为空(表示取到头或尾)。

加号(+)是列表连接运算符，星号(*)指列表重复操作。

(8) 元组

元组是另一种数据类型，类似于 List(列表)。

元组用()标识，内部元素用逗号隔开。元组不能二次赋值，相当于只读列表。

(9) 字典

字典(dictionary)是 Python 之中除列表以外最灵活的内置数据结构类型。列表是有序的对象集合，字典是无序的对象集合。

两者之间的区别在于：字典当中的元素是通过键来存取的，而不是通过偏移来存取的。

字典用{ }标识，由索引(key)和它对应的值 value 组成，如图 7.2.10 所示。

```
dict = {}
dict['one'] = "This is one"
dict[2] = "This is two"

tinydict = {'name': 'john','code':6734, 'dept': 'sales'}


print dict['one']          # 输出键为'one' 的值
print dict[2]              # 输出键为 2 的值
print tinydict             # 输出完整的字典
print tinydict.keys()      # 输出所有键
print tinydict.values()    # 输出所有值
```

图 7.2.10　**字典**

(10) Python 数据类型转换

有时候需要对数据内置类型进行转换,只要将数据类型作为函数名称即可。

以下几个内置函数可以执行数据类型之间的转换,这些函数返回一个新的对象,表示转换的值:

int(x,[,base]):将 x 转换为一个整数;

float(x):将 x 转换为一个浮点数;

str(x):将对象 x 转换为字符串;

tuple(x):将序列 x 转换为一个元组;

list(x):将序列 x 转换为一个列表;

chr(x):将整数 x 转换为一个字符;

ord(x):将一个字符转换为它对应的整数值。

3. Python 语句

Python 语言的控制语句和其他编程语言类似,常用的有 if…else、while、for 语句。其中 if…else 被称为条件语句。

可以通过图 7.2.11 来简单了解条件语句的执行过程。

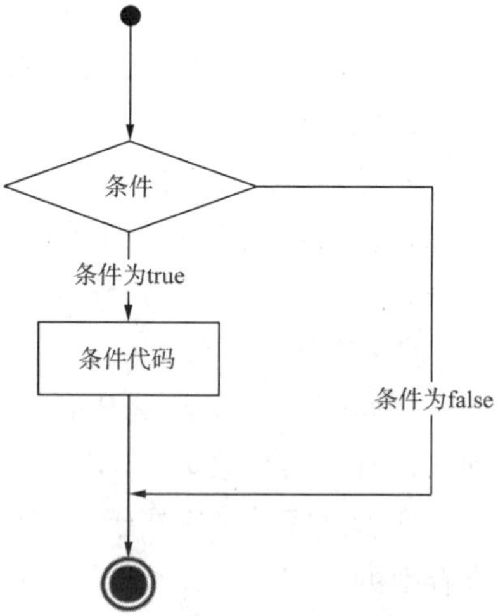


图 7.2.11　**条件语句的执行过程**

Python 程序语言指定任何非 0 和非空(null) 值为 true,0 或者 null 为 false。Python 编程中 if 语句用于控制程序的执行,基本形式如图 7.2.12 所示。

其中"判断条件"成立时(非零),则执行后面的语句,而执行内容可以多行,以缩进来区分表示同一范围。

else 为可选语句，作用是当条件不成立时执行其包含的内容。

if 语句的判断条件可以用＞（大于）、＜（小于）、＝＝（等于）、＞＝（大于等于）、＜＝（小于等于）来表示关系。

当判断条件为多个值时，可以使用的形式如图 7.2.13 所示。

```
if 判断条件:
    执行语句……
else:
    执行语句……
```

图 7.2.12　if **语句**

```
if 判断条件1:
    执行语句1……
elif 判断条件2:
    执行语句2……
elif 判断条件3:
    执行语句3……
else:
    执行语句4……
```

图 7.2.13 **判断多值**

当 if 有多个条件时，可使用括号来区分判断的先后顺序，括号中的判断优先执行，此外 and 和 or 的优先级低于＞（大于）、＜（小于）等判断符号，即大于和小于在没有括号的情况下会比与（and）、或（or）优先判断。

循环语句允许执行一个语句或语句组多次，大多数编程语言中的循环语句的一般形式如图 7.2.14 所示。

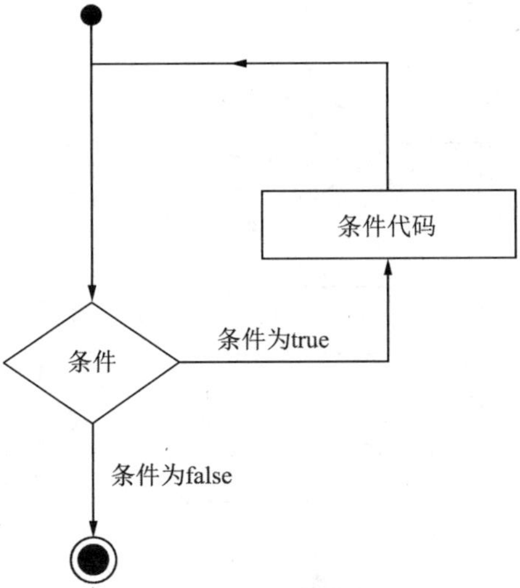


图 7.2.14　**循环语句**

Python 提供了 while 循环和 for 循环(表 7.2.1)。

**表 7.2.1　循环语句对比**

| 循环类型 | 描述 |
| --- | --- |
| while 循环 | 在给定的判断条件为 true 时执行循环体,否则退出循环体 |
| for 循环 | 重复执行语句 |
| 嵌套循环 | 在 while 循环体中嵌套 for 循环 |

循环控制语句可以更改语句执行的顺序。Python 支持的循环控制语句见表 7.2.2。

**表 7.2.2　终止语句对比**

| 控制语句 | 描述 |
| --- | --- |
| break 语句 | 在语句块执行过程中终止循环,并且跳出整个循环 |
| continue 语句 | 在语句块执行过程中终止当前循环,跳出该次循环,执行下一次循环 |
| pass 语句 | pass 是空语句,是为了保持程序结构的完整性 |

Python 编程中 while 语句用于循环执行程序,即在某条件下,循环执行某段程序,以处理需要重复处理的相同任务。其基本形式如图 7.2.15 所示。

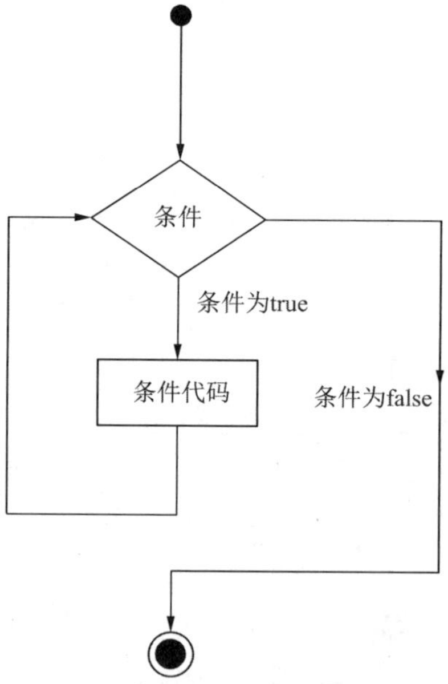


**图 7.2.15　while 循环语句流程图**

运行 while 语句时，还有另外两个重要的命令 continue、break 来跳过循环，continue 用于跳过该次循环，break 则用于退出循环。

for 循环可以遍历任何序列的项目，如一个列表或者一个字符串。

for 循环语句形式如图 7.2.16 所示。

具体实例程序如图 7.2.17 所示。

```
for iterating_var in sequence:
   statements(s)
```

**图** 7.2.16　for **循环语句**

```
#!/usr/bin/python
# -*- coding: UTF-8 -*-

for letter in 'Python':     # 第一个实例
   print '当前字母 :', letter

fruits = ['banana', 'apple',  'mango']
for fruit in fruits:        # 第二个实例
   print '当前水果 :', fruit

print "Good bye!"
```

**图** 7.2.17　**实例程序**

for 循环语句流程图如图 7.2.18 所示。

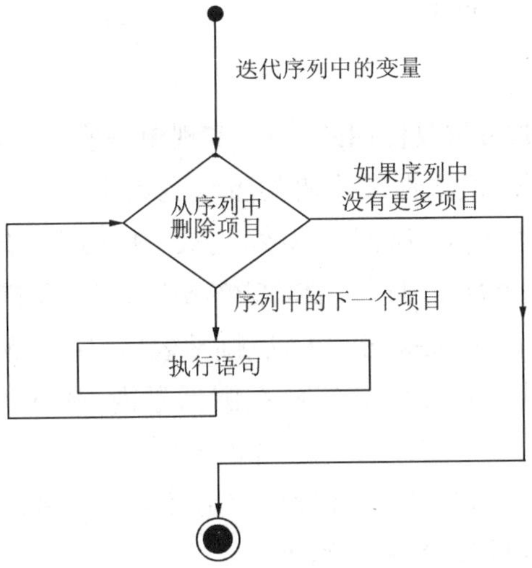


**图** 7.2.18　for **循环语句流程图**

在 while 和 for 循环中，break 语句用来终止循环语句，即循环条件没有 False 条件或者序列还没被完全递归完，也会停止执行循环语句。

如果使用嵌套循环，break 语句将停止执行最深层的循环，并开始执行下一行代码，如图 7.2.19 所示。

continue 语句跳出本次循环，而 break 跳出整个循环。

在 while 和 for 循环中，continue 语句用于跳过当前循环的剩余语句，然后继续进行下一轮循环，如图 7.2.20 所示。

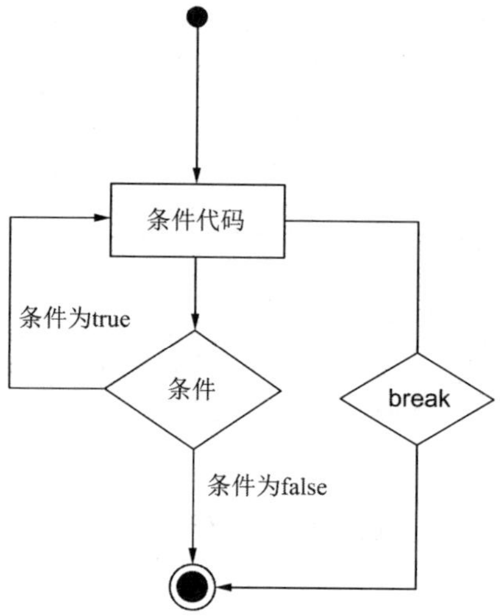


**图** 7.2.19　break **语句**

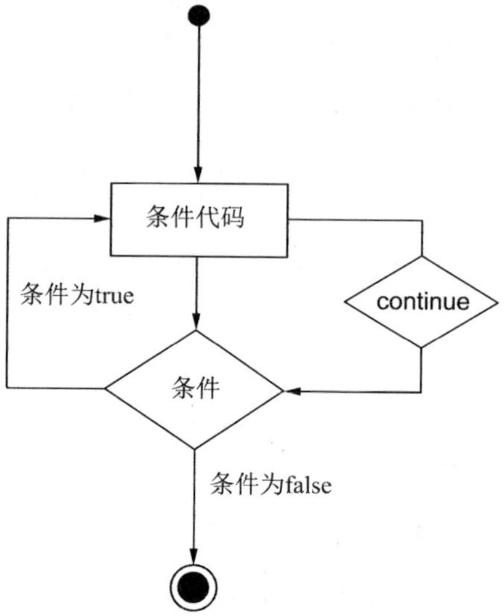


**图** 7.2.20　continue **语句**

4. Python 函数

函数是组织好的，可重复使用的，用来实现单一或相关联功能的代码段。

函数能提高应用的模块性和代码的重复利用率。Python 提供了许多内建函数，如 print()，但也可以自己创建函数，这被叫作用户自定义函数。

用户可以定义一个符合自己想要功能的函数，以下是简单的规则：

① 函数代码块以 def 关键词开头，后接函数标识符名称和圆括号()。

② 任何传入参数和自变量必须放在圆括号内，圆括号之间可以用于定义参数。

③ 函数的第一行语句可以选择性地使用文档字符串，用于存放函数说明。

④ 函数内容以冒号起始，并且缩进。

⑤ return[表达式]结束函数，选择性地返回一个值给调用方，不带表达式的 return 相当于返回 None。

(1) 函数语法

默认情况下，参数值和参数名称是按函数声明中定义的顺序匹配起来的，如图 7.2.21 所示。

如图 7.2.22 所示为一个简单的 Python 函数，它将一个字符串作为传入参数，再打印到标准显示设备上。

定义一个函数只给了函数一个名称，指定了函数里包含的参数和代码块结构。这个函数的基本结构完成以后，可以通过另一个函数调用执行，如图 7.2.23 所示。

```
def functionname( parameters ):
   "函数_文档字符串"
   function_suite
   return [expression]
```

**图** 7.2.21　**函数**

```
def printme( str ):
   "打印传入的字符串到标准显示设备上"
   print str
   return
```

**图** 7.2.22　**打印到标准显示设备**

```
#!/usr/bin/python
# -*- coding: UTF-8 -*-

# 定义函数
def printme( str ):
   "打印任何传入的字符串"
   print str;
   return;

# 调用函数
printme("我要调用用户自定义函数!");
printme("再次调用同一函数");
```

**图** 7.2.23　**函数调用执行**

调用函数时可使用的正式参数类型包括：必备参数、关键字参数、默认参数和不定长参数。

必备参数须以正确的顺序传入函数。调用时的参数数量必须和声明时一致。

关键字参数和函数调用关系紧密，函数调用使用关键字参数来确定传入的参数值。

使用关键字参数允许函数调用时参数的顺序与声明时不一致，因为 Python 解释器能够用参数名匹配参数值。

调用函数时，默认参数的值若没有传入，则被认为是默认值。

比当初声明时更多的参数叫作不定长参数。和上述参数不同，声明时不会命名。其基本语法如图 7.2.24 所示。

```
def functionname([formal_args,] *var_args_tuple ):
   "函数_文档字符串"
   function_suite
   return [expression]
```

**图** 7.2.24　**不定长参数**

(2) 全局变量和局部变量

定义在函数内部的变量拥有一个局部作用域，定义在函数外部的变量拥有全局作用域。

局部变量只能在其被声明的函数内部访问，而全局变量可以在整个程序范围内访问。调用函数时,所有在函数内声明的变量名称都将被加入作用域中。

(3) 创建一个新类

使用 class 语句来创建一个新类,class 之后为类的名称,并以冒号结尾,如图 7.2.25 所示。

图 7.2.26 所示是一个简单的类的例子。

```
class ClassName:
   '类的帮助信息'    #类文档字符串
   class_suite  #类体
```

**图** 7.2.25　class **语句**

```
#!/usr/bin/python
# -*- coding: UTF-8 -*-

class Employee:
   '所有员工的基类'
   empCount = 0

   def __init__(self, name, salary):
      self.name = name
      self.salary = salary
      Employee.empCount += 1

   def displayCount(self):
     print "Total Employee %d" % Employee.empCount

   def displayEmployee(self):
      print "Name : ", self.name,  ", Salary: ", self.salary
```

**图** 7.2.26　class **示例程序**

empCount 变量是一个类变量,它的值将在这个类的所有实例之间共享。用户可以在内部类或外部类使用 Employee.empCount 访问。

__init__()方法是一种特殊的方法,被称为类的构造函数或初始化方法,当创建了这个类的实例时就会调用该方法。

self 代表类的实例,在定义类的方法时是必须有的,虽然在调用时不必传入相应的参数。

(4) 类的继承

面向对象的编程带来的主要好处之一是代码的重用,实现这种重用的方法之一是继承机制。

通过继承创建的新类称为子类或派生类,被继承的类称为基类、父类或超类。class 派生类形式如图 7.2.27 所示。

```
class 派生类名(基类名)
    ...
```

**图** 7.2.27　class **派生类**

在 Python 语言中继承的特点如下:

① 如果在子类中需要父类的构造方法,那么就需要显示调用父类的构造方

法，或者不重写父类的构造方法。

② 在调用基类的方法时，需要加上基类的类名前缀，且需要带上 self 参数变量。区别在于类中调用普通函数时并不需要带上 self 参数。

③ Python 总是首先查找对应类型的方法，如果不能在派生类中找到对应的方法，那么到基类中逐个查找。

派生类的声明中，与父类类似，继承的基类列表跟在类名之后，如图 7.2.28 所示。

```
class SubClassName (ParentClass1[, ParentClass2, ...]):
    ...
```

**图** 7.2.28　class **派生基类列表**

class 派生实例如图 7.2.29 所示。

```
#!/usr/bin/python
# -*- coding: UTF-8 -*-

class Parent:        # 定义父类
   parentAttr = 100
   def __init__(self):
      print "调用父类构造函数"

   def parentMethod(self):
      print '调用父类方法'

   def setAttr(self, attr):
      Parent.parentAttr = attr

   def getAttr(self):
      print "父类属性 :", Parent.parentAttr

class Child(Parent): # 定义子类
   def __init__(self):
      print "调用子类构造方法"

   def childMethod(self):
      print '调用子类方法'

c = Child()          # 实例化子类
c.childMethod()      # 调用子类的方法
c.parentMethod()     # 调用父类方法
c.setAttr(200)       # 再次调用父类的方法 - 设置属性值
c.getAttr()          # 再次调用父类的方法 - 获取属性值
```

**图** 7.2.29　class **派生实例**

（5）方法重写

如果父类方法的功能不能满足需求，可以使用子类重写父类的方法(图 7.2.30)。

```
#!/usr/bin/python
# -*- coding: UTF-8 -*-

class Parent:        # 定义父类
   def myMethod(self):
      print '调用父类方法'

class Child(Parent): # 定义子类
   def myMethod(self):
      print '调用子类方法'

c = Child()          # 子类实例
c.myMethod()         # 子类调用重写方法
```

**图 7.2.30　子类重写父类**

(6) 类属性与方法

① 类的私有属性。private_attrs:两个下划线开头,声明该属性为私有,不能在类的外部被使用或直接访问。在类的内部的方法中使用时,其形式为 self.private_attrs。

② 类的方法。在类的内部,使用 def 关键字可以为类定义一个方法,与一般函数定义不同,类方法必须包含参数 self,且为第一个参数。

③ 类的私有方法。private_method:两个下划线开头,声明该方法为私有方法,不能在类的外部调用。在类的内部调用时,其形式为 self.private_methods。

(7) 程序代码

可以通过 Python 编写串口通信控制无人机,在 uav_workspace 文件夹下新建 serial_helper.py 脚本。

```
# -*- coding: utf-8 -*-
import sys
import time
import serial
import logging
import binascii
import platform
import threading
if platform.system() == "Windows":
    from serial.tools import list_ports
else:
```

```
import glob, os, re

class SerialHelper(object):
def__init__(self, Port="/dev/ttyUSB0", BaudRate="115200", ByteSize
="8", Parity="N", Stopbits="1"):
'''
初始化参数
'''
self.port = Port
self.baudrate = BaudRate
self.bytesize = ByteSize
self.parity = Parity
self.stopbits = Stopbits
self.threshold_value = 1
self.receive_data = ""
self._serial = None
self._is_connected = False

def connect(self, timeout=2):
'''
连接设备
'''
self._serial = serial.Serial()
self._serial.port = self.port
self._serial.baudrate = self.baudrate
self._serial.bytesize = int(self.bytesize)
self._serial.parity = self.parity
self._serial.stopbits = int(self.stopbits)
self._serial.timeout = timeout

try:
self._serial.open()
```

```
if self._serial.isOpen():
self._is_connected = True
except Exception as e:
self._is_connected = False logging.error(e)
def disconnect(self):
'''
断开连接
'''
if self._serial:
    self._serial.close()

def write(self, data, isHex=False):
'''
发送数据给串口设备
'''
if self._is_connected:
self._serial.write(data)
else:
print("port no open")
    if isHex:
    data = binascii.unhexlify(data)
    self._serial.write(bytes(data))

def on_connected_changed(self, func):
'''
set serial connected status change callback
'''
tConnected=threading.Thread(target=self._on_connected_changed,args
=(func,))
tConnected.setDaemon(True)
tConnected.start()
```

```
def_on_connected_changed(self,func):
'''
set serial connected status change callback
'''
self._is_connected_temp = False
while True:
if platform.system() == "Windows":
    for com in list_ports.comports():
        if com[0] == self.port:
            self._is_connected = True
            break
elif platform.system() == "Linux":
    if self.port in self.find_usb_tty():
        self._is_connected = True

if self._is_connected_temp ! = self._is_connected:
    func(self._is_connected)
self._is_connected_temp = self._is_connected
time.sleep(0.5)

def on_data_received(self, func):
'''
set serial data recieved callback
'''
tDataReceived = threading.Thread(target=self._on_data_received, args
=(func, )) tDataReceived.setDaemon(True)
tDataReceived.start()
def _on_data_received(self, func):
    '''
    set serial data recieved callback
    '''
    while True:
```

```
            if self._is_connected:
                try:
                    number = self._serial.inWaiting()
                    if number > 0:
                        data = self._serial.read(number)
                        if data:
                            height = ((data[5] & 0xFF) | ((data[6] &
                        0xFF) << 8) | ((data[7] & 0xFF) << 16) |
                        ((data[8] & 0xFF) << 24))
                            func(data)
                except Exception as e:
                        self._is_connected = False
                        self._serial = None
                        break

    def find_usb_tty(self, vendor_id=None, product_id=None):
    '''
    查找 Linux 下的串口设备
    '''
    tty_devs = list()
    fordn in glob.glob('/sys/bus/usb/devices/ *') :
    try:
        vid=int(open(os.path.join(dn, "idVendor" )).read().strip(), 16)
        pid=int(open(os.path.join(dn, "idProduct")).read().strip(), 16)
        if ((vendor_id is None) or (vid==vendor_id)) and ((product_id is
    None) or (pid==product_id)) :
            dns=glob.glob(os.path.join(dn, os.path.basename(dn)+"*"))
            for sdn in dns :
                for fn in glob.glob(os.path.join(sdn, "*")):
                    if re.search(r"\/ttyUSB[0-9]+$", fn):
                        tty_devs.append(os.path.join("/dev", os.path.
    basename(fn)))
```

```
except Exception as ex:
    pass
return tty_devs

class testHelper(object):
def__init__(self):
    self.myserial = SerialHelper()
    self.myserial.on_connected_changed(self.myserial_on_connected_
changed)

def write(self, data):
    self.myserial.write(data, True)

def generateCmd(self, device, cmd, len, data):
buffer = [0] * (len+6)
buffer[0] = 0xF5
buffer[1] = 0x5F
buffer[2] = device & 0xFF
buffer[3] = cmd & 0xFF
buffer[4] = len & 0xFF
for i in range(len):
buffer[5+i] = data[i]

check = 0
for i in range(len+3):
checkkg+= buffer[i+2]

buffer[len+5] = (~check) & 0xFF
return buffer, len+6

def setServoPosition(self,angel):
data = [0] * 2
```

```
data[0] = angel & 0xFF
data[1] = (angel >> 8) & 0xFF
buffer,len = self.generateCmd(0x55, 0x03, 0x02, data)
self.myserial.write(data)

def myserial_on_connected_changed(self, is_connected):
if is_connected:
    print("Connected")
    self.myserial.connect()
    self.myserial.on_data_received(self.myserial_on_data_received)
else:
    print("DisConnected")

def myserial_on_data_received(self, data):
print(data)

if _name_== '_main_':
myserial = testHelper()
time.sleep(1)
myserial.setServoPosition(50)
```

代码说明：

① on_data_received()：接受串口返回来的数据。

② myserial=SerialHelper()：初始化串口工具类。

③ myserial.write(data,True)：发送数据。

### 7.2.5 实验结果

在树莓派上运行此程序，发现无人机云台会转动。

### 7.2.6 实验报告

① 阐述实验目的和实验内容；

② 说明实验步骤；

③ 实验总结。

### 7.2.7 思考题

① Python 语言中子类对父类初始化变量怎么赋值?

答:使用 self.x=x 来添加变量。对于父类的初始化参数,如果不写,默认使用父类无参的__init__方法。如果明确父类的初始化参数,则用子类初始化父类参数 B.__init__ (self,aa,ab),使用 super(子类类型,子类对象).foo()调用父类。

② Python 继承中有哪些特点?

答:在继承中,基类的构造[init()方法]不会被自动调用,它需要在其派生类的构造中专门调用。

在调用基类的方法时,需要加上基类的类名前缀,且需要带上 self 参数变量。这与在类中调用普通函数不同,调用普通函数时不需要带上 self 参数。

Python 总是先查找对应类型的方法,如果不能在派生类中找到对应的方法,那么才到基类中逐个查找。

③ 请简述 Python 语言中下划线开头的变量名的特点。

答:在 Python 语言中,以下划线开头的变量名有特殊的含义,尤其是在类的定义中。用下划线作为变量前缀和后缀来表示类的特殊成员。

1_xxx:这样的对象叫作保护变量,不能用'from module import *'导入,只有类对象和子类对象才能访问这些变量。

V_xxx:系统定义的特殊成员名字。

L_xxx:类中的私有成员,只有类对象自己能访问,子类对象也不能访问,但在对象外部可以通过“对象名._类名_xxx”这样的特殊方式来访问。Python 语言中没有纯粹的 C++意义上的私有成员。

④ Python 语言中的继承是什么意思?

答:当一个类继承自另一个类时,它就被称为一个子类/派生类,继承自父类/基类/超类。它会继承/获取所有类成员(属性和方法)。

继承使我们能重新使用代码,也更容易创建和维护应用。Python 支持如下种类的继承:

单继承:一个类继承自单个基类。

多继承:一个类继承自多个基类。

多级继承:一个类继承自单个基类,后者则继承自另一个基类。

分层继承:多个类继承自单个基类。

混合继承:两种或多种类型继承的混合。

⑤ 在 Python 语言中如何实现类的私有变量和私有方法?

答:在 Python 语言中,可以通过在属性变量名前加上双下划线来定义属性,为私有属性特殊变量命名。

_xx 以单下划线开头表示保护类型的变量,即保护类型只能允许其本身与子类进行访问。若内部变量标示,例如:当使用“from M import”时,不会将以一个下划线开头的对象引入。

__xx 以双下划线开头表示私有类型的变量。只能允许对这个类本身进行访问,子类不可以用于命名一个类属性(类变量);调用时名字会改变(在类 FooBar 内部,__boo 变成 _FooBar__boo,如 self._FooBar__boo)。

xx 定义的是特列方法。用户控制的命名空间内的变量或属性,如 init、import 或 file。只有当文档有说明时才使用,不可自行定义这类变量。

对于私有变量,Python 默认的成员函数和成员变量都是公开的,没有像其他类似语言的 public、private 等关键字修饰。但是可以在变量前面加上两个下划线,这样,函数或变量就变成私有的。这是 Python 的私有变量轧压(private name mangling)。** 情形就是当变量被标记为私有后,在变量的前端插入类名,在类名前添加一个下划线,即形成了 ClassName_变量名. ** 。

⑥ Python 语言里的 serial 模块作用是什么?

答:Python 语言中 serial 模块封装了对串口的访问。在支持的平台上有统一的接口,通过 Python 属性访问串口设置。

该模块支持不同的字节大小、停止位、校验位和流控设置;可以设置也可以不设置接收超时;提供类似文件的 API,如 read 和 write,也支持 readline 等;支持二进制传输,没有 null 消除,没有 cr-lf 转换。

## 7.3 OpenCV 安装及入门

### 7.3.1 实验目的

① 了解 OpenCV 的安装方法;

② 了解如何在 Python-OpenCV 环境中读取摄像头图像。

### 7.3.2 实验要求

① 掌握 OpenCV 的安装与配置,能够通过 Python 环境(如 Anaconda 或

pip)正确安装 OpenCV 库,并验证其可用性;

② 实现摄像头图像捕获功能,使用 Python-OpenCV 编写代码,完成摄像头初始化、实时图像读取及显示等基本操作。

### 7.3.3　实验设备

① 操作系统:Debian Linux;

② 应用工具:显示屏、键盘、鼠标、显示器线、OpenCV、VNC Viewer。

### 7.3.4　实验方法

1. OpenCV 安装方法

无人机镜像已经预装了 OpenCV,如果用户想在自己的系统中安装 OpenCV,可以直接通过 pip 安装。

① 打开计算机终端,按【Ctrl】+【Alt】+【T】组合键后,输入 sudo pip install OpenCV-Python。

② 如果是 Python3 版本,需要输入 sudo pip3 install OpenCV-Python。

③ 查看 OpenCV 安装版本:输入 pkg-config OpenCV-modversion。

④ 查看 Python 版本号:可直接在命令行中输入 Python。

⑤ 安装好之后,也可以在命令行中输入 Python、Python2、Python3(根据用户的 Python 版本选择),按回车键。

⑥ 输入 import cv2,按回车键。

⑦ 输入 cv2.__version__,按回车键。

如果出现图 7.3.1 所示的结果,说明 Python3 环境下的 OpenCV 安装成功。

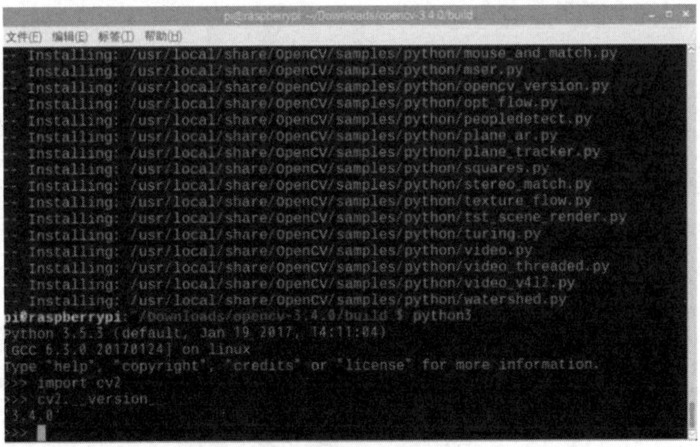

图 7.3.1　Python3 环境下的 OpenCV 安装成功

2. 远程桌面使用指南(NoMachine)

NoMachine 是一个可以通过局域网分享机载桌面的工具。

图 7.3.2 NoMachine 图标

初次使用前需要插上外接显示器、鼠标键盘,手动将机载计算机连接到无线网络,配置后,机载计算机会自动连接到该网络。使用时,需要确保机载计算机与计算机终端都处于同一无线网络下,单击 NoMachine 图标(图 7.3.2)。

① 启动程序,如图 7.3.3 所示。

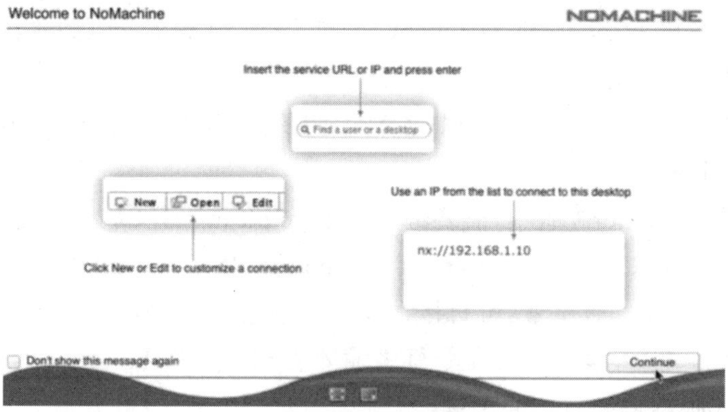


图 7.3.3 启动程序

② 搜索设备。在树莓派启动 1 分钟后即可完成初始化,并等待连接。此时运行 NoMachine 的远程计算机会自动搜索连接到同一网络下运行 NoMachine 的设备,如图 7.3.4 所示。

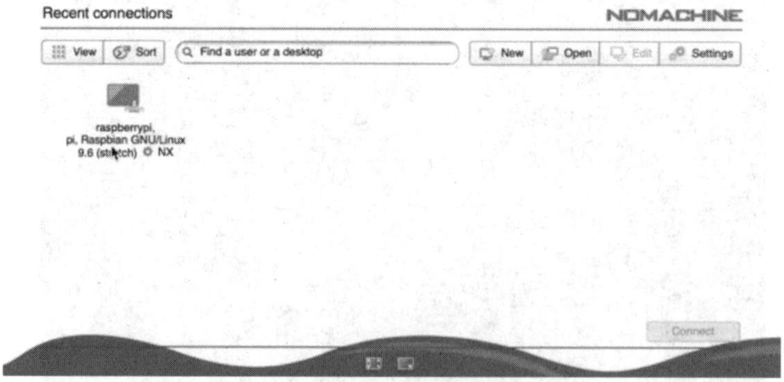


图 7.3.4 搜索设备

③ 连接设备。第一次连接需要输入用户名与密码，默认用户名为“pi”，密码为“bcsh”。当出现如图 7.3.5 所示的桌面，即表示完成连接。

**图 7.3.5　开机界面**

3. 读取摄像头图像

打开无人机，使用 VNC Viewer 连接无人机树莓派。

在桌面上新建一个文件夹，命名为 my_project。进入这个文件夹，新建 Python 文件 video.py，如图 7.3.6 所示。

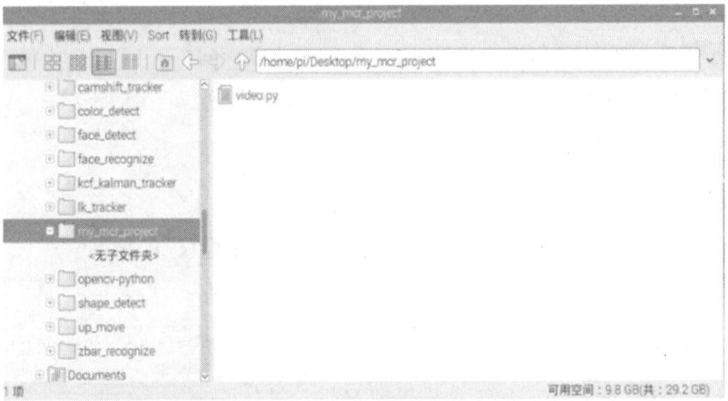


**图 7.3.6　新建文件** video.py

双击打开此 python 脚本，输入以下代码：

```
import cv2
import numpy asnp
cap = cv2.VideoCapture(0)
while True:
ret, frame = cap.read()
```

```
cv2.imshow('video',frame)
if cv2.waitKey(1) & 0xFF == ord('q'):
break
cap.release()
cv2.destroyAllWindows()

# -*- coding: utf-8 -*-
import cv2

cap = cv2.VideoCapture(0)
ret = cap.set(3, 640)      #  设置帧宽
ret = cap.set(4, 480)      #  设置帧高

class CameraOp():
def__init__(self):
self.start_video()
def start_video(self):
while cap.isOpened():
ret, frame = cap.read()
src = frame.copy()
result = frame.copy()
result = cv2.cvtColor(result, cv2.COLOR_BGR2GRAY)
cv2.imshow("result",result)
cv2.imshow("src",src)
if cv2.waitKey(1) & 0xFF == ord('q'):
break
cap.release()
cv2.destroyAllWindows()
if__name__== '__main__':
camreaop = CameraOp()
```

代码说明：

① cap=cv2.VideoCapture(0)表示创建摄像头对象，使用 OpenCV 自带的 VideoCapture()函数定义摄像头对象，其参数 0 表示第一个摄像头，一般指笔记本的内置摄像头。

② cap.read()按帧读取视频，ret、frame 是使用 cap.read()方法获取的两个返回值。其中 ret 是布尔值，若读取帧是正确的，则返回 True；若文件读取到结尾，则返回 False。frame 就是每一帧的图像，呈三维矩阵形式。

③ waitKey()方法本身表示等待键盘输入。

参数是 1，表示延时 1 ms 切换到下一帧图像(对于视频而言)。

参数为 0，如 cv2.waitKey(0)只显示当前帧图像，相当于视频暂停。

参数过大，如 cv2.waitKey(1000)，会因为延时过久而卡顿。

对于代码 cv2.waitKey(1) & 0xFF==ord('q')：

ord()函数是 chr()或 unichr()的配对函数，以字符作为参数，返回 ASCII 值或 Unicode 值。

ord('q')：返回 q 对应的 Unicode 值，q 对应的 Unicode 值为 113。

cv2.waitKey(1)：返回与按下键值对应的 32 位整数。

0xFF：0xFF 是一个位掩码，它将左边的 24 位设置为 0。因为 ord()在 0 和 255 之间返回一个值，用户的键盘只有一个有限的字符集。

④ 调用 release()释放摄像头，调用 destroyAllWindows()关闭所有图像窗口。

### 7.3.5 实验结果

打开命令行，输入如图 7.3.7 所示命令，单击上方绿色箭头运行脚本。

**图 7.3.7　输入命令**

得到如图 7.3.8 所示的结果。

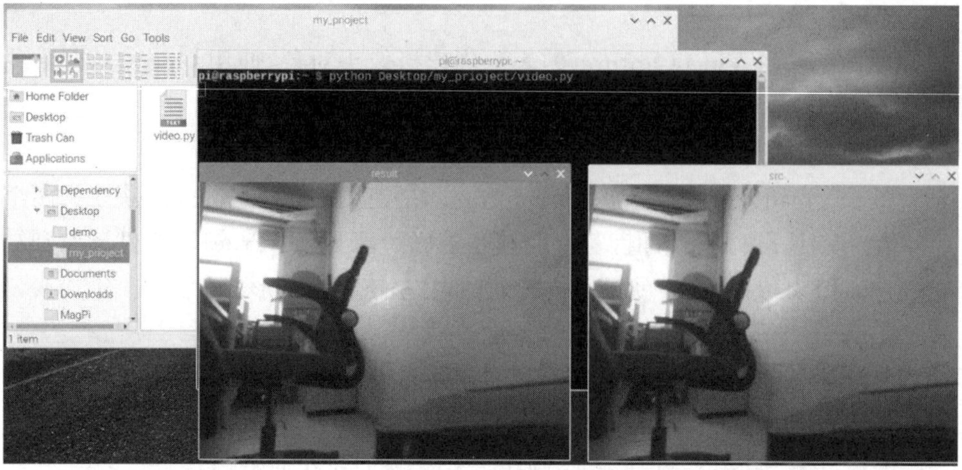

图 7.3.8 结果显示

### 7.3.6 实验报告

① 阐述实验目的和实验内容；

② 说明实验步骤(以示例代码为例,修改图像窗体大小)；

③ 实验总结。

### 7.3.7 思考题

① 为什么 cv2.VideoCapture()中参数为 0?

答:VideoCapture()中参数是 0,表示打开笔记本的内置摄像头,若参数是视频文件路径,如 cap=cv2.VideoCapture("../test.avi"),则打开视频。

② 函数 cv2.imshow()的用法是什么?

答:使用函数 cv2.imshow(wname,img)显示图像,第一个参数是显示图像窗口的名字,第二个参数是要显示的图像(由 imread 读入),窗口大小会自动调整为图片大小。

③ 为什么要用代码 if cv2.waitKey(1) & 0xFF == ord('q'):break 呢?

答:在某些系统上,waitKey()可能会返回非标准的 ASCII 密钥值。在所有系统里,我们可以通过读取返回值中的最后一个字节来确保只提取 ASCII 键代码,示例如下:

```
keycode = cv2.waitKey(1)
if keycode ! = -1:
```

```
keycode &= 0xFF
或者
if cv2.waitKey(1) & 0xFF == ord('q'):
break
```

waitKey(1)中的数字代表等待按键输入之前的无效时间，单位为毫秒，在此时间段内，按键“q”不会被记录，在这之后按键才会被记录，并在下一次进入 if 语段时起作用。也即经过无效时间以后，检测在上一次显示图像的时间段内按键“q”有没有被按下，若无，则跳出 if 语句段，捕获并显示下一帧图像。

若此参数置零，则代表在捕获并显示一帧图像之后，程序将停留在 if 语句段中一直等待“q”被键入。

cv2.waitKey(1)与 0xFF(1111 1111)相与是因为 cv2.waitKey(1)的返回值不止 8 位，但是只有后 8 位实际有效，为避免干扰，通过“与”操作将其余位置 0。

④ 如何用 OpenCV 指定的函数从摄像头连续读取视频，显示并保存图像呢?

答：OpenCV 中使用数据结构 CVCapture * 指向打开视频文件(或者摄像头)的相关结构。具体可以用 CVCapture * pCap=CVCreateCameraCaputre(-1)得到。

从摄像头得到的图片可以用 pCap 通过下面的方式获得 IplImage * image。

(a) Image=CVQueryFrame(pCap)：该函数返回从摄像头获取的图片。

(b) 将上述函数在循环中反复调用，并将 image 变量显示于窗口之上。

(c) 保存 image 变量，保存的名称为 000.jpg，001.jpg，100.jpg，依次循环。

⑤ OpenCV 中通过 cv2.drawContours 在图像上绘制轮廓有几个参数?

答：OpenCV 中通过 cv2.drawContours 在图像上绘制轮廓的参数有 5 个。

第 1 个参数指明在哪幅图像上绘制轮廓；

第 2 个参数是轮廓本身，在 Python 语言中是一个 list；

第 3 个参数指定绘制轮廓 list 中的哪条轮廓，若是-1，则绘制其中的所有轮廓；

第 4 个参数是指轮廓线条的颜色；

第 5 个参数是指轮廓线条的粗细。

⑥ Python 语言实现过程中运用 camera.release()会遇到什么问题?

答：在编入代码过程中，将 camera.release()与 cv2.destroyAllWindows()放入 while 循环体内，所以一旦调用 cap，随即就释放 cap，从而报出错误代码。

**注意**　cap.release()与 cv2.destroyAllWindows()只能放在 while 循环体外。

# 7.4 飞控信息读取与控制

## 7.4.1 实验目的

掌握通过树莓派控制无人机的方法。

## 7.4.2 实验要求

① 掌握智飞-250 无人机的通信协议格式；
② 掌握 Python 语言中线程的用法；
③ 掌握使用通信协议控制智飞-250 无人机。

## 7.4.3 实验设备

① 操作系统：Debian Linux。
② 应用工具：智飞-250 无人机系统、显示屏、键盘、鼠标、VNC Viewer。

## 7.4.4 实验方法

1. 编写无人机控制脚本模块

无人机通信协议格式见表 7.4.1，现根据无人机通信协议来编写无人机控制脚本。部分说明如下：串口通信参数为 115200；数据位为 8 bit；停止位为 1 bit；校验为无。

**表 7.4.1　无人机通信协议格式**

| 头 1 | 头 2 | 设备类型 | 设备命令 | 数据长度 | 数据 | 校验取反 |
|---|---|---|---|---|---|---|
| F5 | 5F | Type | cmd | DATA_Length | 数据包 | SumNot |
| 1 Byte | 1 Byte | 1 Byte | 1 Byte | 1 Byte | 长度不定 | 1 Byte |

协议描述：

头 1 ：H1 固定 F5H。

头 2 ：H2 固定 5FH。

设备命令：因设备及操作不同，取值也不同。

数据长度：DATA 的长度。

数据：协议包所包含的数据信息，最大为 127 Byte。

校验取反：求和后取反。

按照协议格式封装数据包（在 uav_workspace 文件夹下新建一个 connect_uav.py 脚本，创建一个 generateCmd 方法来封装数据包），详细程序如下：

```
import serial
import time
import os
from serial_helper import SerialHelper
from pid_controller import PID
from multiprocessing import Process
import threading

class UPUavControl():
def generateCmd(self, device, cmd, len, data):
buffer = [0] * (len + 6)
buffer[0] = 0xF5
buffer[1] = 0x5F
buffer[2] = device & 0xFF
buffer[3] = cmd & 0xFF
buffer[4] = len & 0xFF
for i in range(len):
buffer[5 + i] = data[i]

check = 0
for i in range(len + 3):
check += buffer[i + 2]

buffer[len + 5] = (~check) & 0xFF
return buffer, len+6
```

```
if __ name __ =='__ main __':
connect = UPUavControl();
```

① 上述代码已按照协议格式封装，把数据传到该方法内，即可得到一个数据包的返回值；接下来，继续把之前写好的串口通信脚本引入无人机控制脚本(connect_uav.py)当中，程序如下：

```
def__init__(self):
self.isInit = False
self.ser = SerialHelper()
self.ser.on_connected_changed(self.myserial_on_connected_changed)
self.msg_list = []

sendThread = threading.Thread(name = "send_thread", target=self.send_msg)
sendThread.setDaemon(True)
sendThread.start()
def myserial_on_connected_changed(self, is_connected):
if is_connected:
print("Connected")
self._isConn = True
self.ser.connect()
self.ser.on_data_received(self.on_data_received)
else:
print("DisConnected")

def write(self, data):
self.ser.write(data, True)

def send_msg(self):
while True:
if (len(self.msg_list) > 0 and self._isConn == True):
self.ser.write(self.msg_list[0])
time.sleep(0.01)
```

```
self.msg_list.remove(self.msg_list[0])
def on_data_received(self, data):
print("无人机数据返回")
```

② init 方法是 Python 类的初始化方法，所以我们在该方法中进行串口通信的实例化，并且开启数据发送的子线程 sendThread。

③ 可以看到，程序在一直读取 msg_list 的数据。我们把 msg_list 定义为数据包的队列，send_msg 一直读取 msg_list 里的值去做发送，保持先进先出的发送顺序，避免在串口通信中同一时间发送过多数据导致通信阻塞。

④ on_data_received 是 init 方法中设置无人机数据读取的回调函数。

2. 读取无人机高度

把无人机控制协议及串口通信封装好之后，读取无人机的高度值。先获取无人机高度值的数据包格式及返回的数据包格式。

(1) 发送格式

发送的数据包格式见表 7.4.2。

**表 7.4.2 发送的数据包格式**

| 设备类型 | 设备命令 | 参数长度 | 参数 |
| --- | --- | --- | --- |
| 55H | 02H | 00H | 0 |

(2) 发送说明

不带参数，长度位为 0。

(3) 响应格式

响应的数据包格式见表 7.4.3。

**表 7.4.3 响应的数据包格式**

| 设备类型 | 设备命令 | 参数长度 | 参数 |
| --- | --- | --- | --- |
| 55H | 02H | 4 | height |

现根据协议写一个一直读取高度的方法。先编辑一个线程来循环控制无人机每 10 ms 发送一次读取无人机高度命令，并且把封装好的数据包放到 msg_list 队列里，当程序检测到 msg_list 有数据包时，则自动发送数据包到无人机上。

```
def get_air_height(self):
self.getHeightThread = threading.Thread(target = self.on_height_
```

```
callback, name="get_height") self.getHeightThread.setDaemon(True)
    self.getHeightThread.start() self.isGetHeight = True
    def on_height_callback(self):
    while True:
    if(self._isConn):
    buffer = [0] * 6
    buffer[0] = 0xF5
    buffer[1] = 0x5F
    buffer[2] = 0x55
    buffer[3] = 0x02
    buffer[4] = 0
    buffer[5] = 0xA8
    self.msg_list.append(buffer)
    time.sleep(0.01)
```

下面是返回的无人机高度信息，height 则是根据协议计算出来的无人机高度值。

```
    def on_data_received(self, data):
    if data[2] == 0x55 and data[3] == 0x02 and self.settingHeight != 0:
    height = ((data[5] & 0xFF) | ((data[6] & 0xFF) << 8) | ((data[7] & 0xFF) << 16) | ((data[8] & 0xFF) << 24))
    print("height:"+str(height))
    if __ name __ == '__ main __':
    connect = UPUavControl(); time.sleep(1)
    connect.get_air_height()
```

（4）算出高度值

无人机高度返回的是 LBS 小端模式 byte 数组，根据相应的算法即可算出无人机的高度值。

3. 无人机云台控制及无人机飞行控制

无人机云台运动通信协议格式见表 7.4.4，无人机飞行控制通信协议格式见表 7.4.5。

**表 7.4.4　云台运动通信协议格式**

| 设备类型 | 设备命令 | 参数长度 | 参数 |
|---|---|---|---|
| 55H | 03H | 02H | Angel |

**表 7.4.5　飞行控制通信协议格式**

| 设备类型 | 设备命令 | 参数长度 | 参数 |
|---|---|---|---|
| 55H | 01H | 08H | move_LR，move_FB，up_down，turn |

参数说明：

Angel (Uint16，LSB)：云台舵机角度，参数范围为 0 到 95(受结构限制)，单位为度。

move_LR (int16，LSB)：左右移动控制，参数范围为－500 到＋500，小于 0 表示左移，大于 0 表示右移，0 表示不变。

move_FB (int16，LSB)：前后移动控制，参数范围为－500 到＋500，小于 0 表示后移，大于 0 表示前移，0 表示不变。

up_down (int16，LSB)：上下移动控制，即油门大小，参数范围为－500 到＋500，小于 0 表示下降，大于 0 表示上升，0 表示不变。

turn (int16，LSB)：旋转控制，参数范围为－500 到＋500，小于 0 表示左旋转，大于 0 表示右旋转，0 表示不变。

通过协议，继续在 connect_uav.py 脚本中加入控制云台和飞行的方法。

```
def setServoPosition(self,angel):
data = [0] * 2
data[0] = angel & 0xFF
data[1] = (angel >> 8) & 0xFF
buffer, len = self.generateCmd(0x55, 0x03, 0x02, data)
self.msg_list.append(buffer)
def setMoveAction(self,y, x, z, yaw):
data = [0] * 8
data[0] = y & 0xFF
data[1] = (y >> 8) & 0xFF

data[2] = x & 0xFF
data[3] = (x >> 8) & 0xFF
```

```
data[4] = z & 0xFF
data[5] = (z >> 8) & 0xFF

data[6] = yaw & 0xFF
data[7] = (yaw >> 8) & 0xFF

buffer, len = self.generateCmd(0x55, 0x01, 0x08, data) self.msg_list.
append(buffer)
self.ser.write(buffer)

def move_forward(self, speed):
self.setMoveAction(0, speed, 0, 0)

def move_backward(self, speed):
self.setMoveAction(0, -speed, 0, 0)

def move_left(self, speed):
self.setMoveAction(-speed, 0, 0, 0)

def move_right(self, speed):
self.setMoveAction(speed, 0, 0, 0)

def move_up(self, speed):
self.setMoveAction(0, 0, speed, 0)

def move_down(self, speed):
self.setMoveAction(0, 0, -speed, 0)

def turn_left(self, speed):
self.setMoveAction(0, 0, 0, -speed)
def turn_right(self, speed):
self.setMoveAction(0, 0, 0, speed)
```

下面进行控制测试(这里测试了无人机云台控制)

```
if__name__=='__main__':
connect = UPUavControl(); time.sleep(1)
connect. setServoPosition (60)
```

### 7.4.5 实验结果

测试通过,控制台实时返回无人机高度值,并且可以控制无人机云台进行0～90°转动。

### 7.4.6 实验报告

① 阐述实验目的和实验内容;

② 说明实验步骤(编写一个测试云台的程序,要求每间隔 2 s 控制无人机云台转向某个角度);

③ 实验总结。

### 7.4.7 思考题

① 通信协议中,控制无人机飞行姿态的参数为什么要用 2 Byte 大小进行传递?

答:在单片机中 1 Byte 最大为 255,目前通信协议中控制无人机姿态的参数值最大为 500,这种传递参数模式称为大小端模式。

② 在与无人机进行通信时,为什么要把所有的数据包都装到一个队列中?怎样把队列中的数据发送到无人机中?

答:在与无人机通信时,数据包一定是非常多的,且发送数据是一个耗时操作。为了保持同一时间只有一条数据发送到无人机中,可用一个队列的形式避免数据堵塞,也保证了先发的数据包先发送出去,保持“先进先出”的队列原则。使用 Python 的线程,每隔几毫秒发送一个数据包,发送成功之后移除这个数据包,这样就将数据发送到了无人机中。

# 7.5 一键起飞悬停实验

## 7.5.1 实验目的

掌握通过使用 Python 语言控制无人机实现一键起飞和定高功能的方法。

## 7.5.2 实验要求

① 掌握无人机 SDK 的集成与连接，能够通过 Python 调用官方 SDK 或第三方库(如 DJI Tello SDK)实现与无人机的通信连接；

② 实现基础飞控指令的编程控制，编写 Python 代码完成一键起飞、定高悬停等核心功能，并确保指令执行的稳定性和安全性。

## 7.5.3 实验设备

① 操作系统：Debian Linux；

② 应用工具：智飞-250 无人机系统、显示屏、键盘、鼠标、VNC Viewer。

## 7.5.4 实验方法

1. 实验原理

先举个例子，设定一个目标温度后烤箱开始工作，烤箱的控制系统就会对烤箱进行加热，当前温度和目标温度相差比较大时，烤箱会迅速加热，直到当前温度趋近目标温度值时，就会减缓加热，以保证烤箱在恒定的温度，那么烤箱的控制系统是怎样实现这一过程的呢？这就涉及 PID 控制算法。

PID 算法的执行流程是非常简单的，即利用反馈来检测偏差信号，并通过偏差信号来控制被控量。而控制器本身就是比例、积分、微分三个环节的加和。其功能框图如图 7.5.1 所示。

考虑在某个特定的时刻 $t$，输入量为 $\mathrm{rin}(t)$，输出量为 $\mathrm{rout}(t)$，偏差可计算为 $\mathrm{err}(t)=\mathrm{rin}(t)-\mathrm{rout}(t)$。PID 的基本控制规律表达式如下：

$$U(t)=K_p\left[\mathrm{err}(t)+\frac{1}{T_i}\int \mathrm{err}(t)\mathrm{d}t+\frac{T_d\,\mathrm{deer}(t)}{\mathrm{d}t}\right]$$

式中，$K_p$ 为比例系数，$T_i$ 为积分时间，$T_d$ 为微分时间。PID 控制的基本原理就是如此。

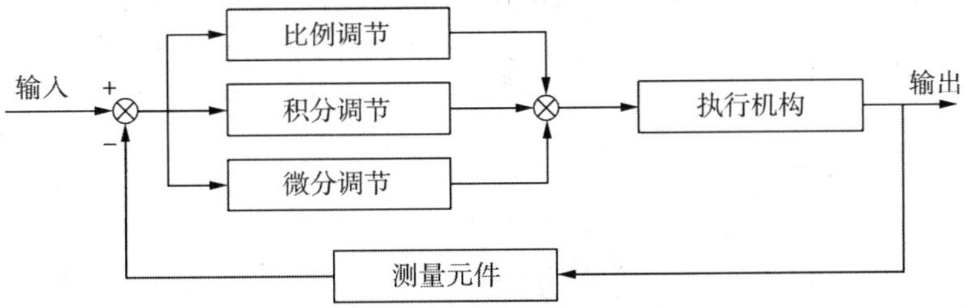


**图** 7.5.1　PID **算法模型示意**

比例调节在 PID 控制中主要用于对系统的偏差进行响应，所以只要存在偏差，比例就会起作用。积分调节主要是用来消除静差，所谓静差就是指系统稳定后输入输出之间依然存在的差值，而积分就是通过偏差的累计来抵消系统的静差。而微分调节则是对偏差的变化趋势做出反应，根据偏差的变化趋势实现超前调节，提高反应速度。在实现离散前，假设系统采样周期为 $T$。假设检查第 $k$ 个采样周期，此时的偏差可以表示为 $\text{err}(k)=\text{rin}(k)-\text{rout}(k)$，那么积分就可以表示为 $\text{err}(k)+\text{err}(k+1)+\cdots\cdots$，而微分就可以表示为 $[\text{err}(k)-\text{err}(k-1)]/T$。于是可以在第 $k$ 次采样时，PID 算法的离线形式表示为

$$U(k)=K_p\left\{\text{err}(k)+\frac{T}{T_i}\sum\text{err}(k)+\frac{T_d}{T}[\text{err}(k)-\text{err}(k-1)]\right\}$$

也可以记为

$$U(k)=K_p\text{err}(k)+K_i\sum\text{err}(k)+K_d[\text{err}(k)-\text{err}(k-1)]$$

这就是所谓的位置型 PID 算法的离散描述公式。除此之外，还有一个增量型 PID 算法。上面的公式描述了第 $k$ 个采样周期的结果，那么前一时刻也就是 $k-1$ 个采样周期就不难表示为

$$U(k-1)=K_p\text{err}(k-1)+K_i\sum\text{err}(k-1)+K_d[\text{err}(k-1)-\text{err}(k-2)]$$

第 $k$ 个采样周期的增量就是 $U(k)-U(k-1)$。于是用第 $k$ 个采样周期公式减去第 $k-1$ 个采样周期的公式，就得到了增量型 PID 算法的表示公式：

$$\Delta U(k)=K_p[\text{err}(k)-\text{err}(k-1)]+K_i\text{err}(k)+K_d[\text{err}(k)-2\text{err}(k-1)+\text{err}(k-2)]$$

当然，增量型 PID 必须记得一点，$U(k)=U(k-1)+\Delta U(k)$。

2. 实验步骤

本实验就是围绕 PID 为核心的一次无人机飞行控制实验。

无人机一键起飞与悬停，就是通过树莓派串口通信来控制无人机从地面上升到预定的高度，并且在当前高速悬停。此时，就要用到 PID 控制算法来实现无人机油门杆量的调节。下面介绍运用 Python 语言实现 PID 控制。

```
class PID_t：

def__init__(self)：
self.d_limit = 100.0
self.limit = 10.0

#pid 数据值
self.err = 0.0
self.exp_old = 0.0
self.feedback_old = 0.0
self.fb_d = 0.0
self.fb_d_ex = 0.0
self.exp_d = 0.0
self.err_i = 0.0
self.ff = 0.0
self.pre_d = 0.0
self.out = 0.0
#pid 参数值
self.fb  d  mode = 0
self.kp = 1.3
self.ki = 0.01
self.kd_ex = 0.0
self.kd_fb = 0.0
self.k_ff = 0.0
self.inc_hz = 0.0
def pid_calculate(self,dts,in_ff,expect,feedback)：

if dts ！ = 0：
dts = 1 / dts
```

```
self.exp_d = (expect - self.exp_old) * dts
if self.fb  d  mode == 0:
self.fb_d = (feedback - self.feedback_old) * dts
else:
self.fb_d = self.fb_d

differential = (self.kd_ex * self.exp_d - self.kd_fb * self.fb_d)
self.err = (expect - feedback)
if self.err > self.d_limit:
self.err = self.d_limit
elif self.err < -self.d_limit:
self.err = -self.d_limit
self.err_i += self.ki * self.err

if self.err_i > self.limit:
self.err_i = self.limit
elif self.err_i < -self.limit:
self.err_i = -self.limit
self.out = self.k_ff * in_ff + self.kp * self.err + differential + self.err_i
self.feedback_old = feedback
self.exp_old = expect
return self.out
```

上述代码中，expect 表示预设的无人机目标高度，pid_calculate 表示使用 PID 控制公式实时计算油门杆量值，feedback 表示无人机实时返回的当前高度值。有了这些参数，便可直接使用 PID 公式。out 是程序输出的杆量值，把这个值通过串口通信协议传递给无人机，即可实现一键起飞悬停。

```
#  获取无人机高度值
if data[2] == 0x55 and data[3] == 0x02 and self.settingHeight != 0:
height = ((data[5] & 0xFF) | ((data[6] & 0xFF) << 8) | ((data[7] & 0xFF) << 16) | ((data[8] & 0xFF) << 24))
self.current_height = height
if height <= 30:
```

```
height = 0
# 通过PID算法计算悬停定高的油门杆量值
speed = round(self.pid.pid_calculate(0.001,0,self.settingHeight,height))
# 判断计算杆量值死区
if 0 < speed < self.dead_area:
speed = speed + (self.min_up - speed)
if -self.dead_area < speed < 0:
speed = speed - (self.min_down - speed)
# 判断是否在设定高度,误差±3cm
if abs(height - self.settingHeight) < 3:
self.move_up(0)
self.move_down(0)
else:
if height - self.settingHeight < 0:
self.move_up(speed)
elif height - self.settingHeight > 0:
self.move_down(speed)


print("height:"+str(height)+"      speed:"+str(speed))
```

在 connect_uva.py 中,为 on_data_received 方法添加上面代码,可以得到,speed 是通过 PID 算出来的杆量值。在主函数中加入如下代码,先调用实时获取高度的方法,然后设置目标高度。

```
if__name__=='__main__':
connect = UPUavControl();
time.sleep(1)
connect.get_air_height() connect.set_height(70)
```

### 7.5.5 实验结果

无人机上电后,使用 VNC Viewer 远程连接树莓派,并用遥控器解锁,将第三个开关拨到程序控制挡位(中间挡位),然后打开 connect_uva.py 脚本运行,即可看到无人机起飞。通过测试和调节 PID 参数,无人机上升速度由快到缓,上升到目标高度值并在目标高度悬停。

### 7.5.6　实验报告

① 阐述实验目的和实验内容；

② 说明实验步骤(输入不同的高度，测试无人机一键起飞功能)；

③ 绘制实验原理框图；

④ 实验总结。

### 7.5.7　思考题

PID 控制算法是如何调节 PID 参数值的?

答：要综合考虑三个参数，一般先将 I、D 设为 0，调节 P，达到基本的响应速度和误差；再加上 I，使误差为 0；这时再加入 D。三个参数要反复调试，最终达到较好的结果。不同的控制对象，调试的难度相差很大。在整定 PID 参数时，如果能用理论的方法确定 PID 参数，当然是最理想的方法，但是在实际的应用中，更多的是通过凑试法来确定 PID 的参数。

增大比例系数 P 一般将加快系统的响应，在有静差的情况下有利于减小静差，但是过大的比例系数会使系统有比较大的超调量，并产生振荡，破坏稳定性。

增大积分时间 I 有利于减小超调量，抑制振荡，使系统的稳定性增加，但是系统静差消除时间变长。

增大微分时间 D 有利于加快系统的响应速度，使系统超调量减小，稳定性增加，但系统对扰动的抑制能力减弱。

## 7.6　人脸检测跟踪实验

### 7.6.1　实验目的

① 了解 OpenCV 人脸识别原理；

② 了解人脸识别的应用场景。

### 7.6.2　实验要求

① 掌握如何通过使用 Python＋OpenCV 进行人脸识别；

② 掌握如何运用人脸识别到的数据进行无人机控制。

### 7.6.3 实验设备

① 操作系统:Debian Linux;

② 应用工具:智飞-250 无人机系统、显示屏、键盘、鼠标、VNC Viewer。

### 7.6.4 实验方法

1. 实验原理

(1) 系统需求分析

在现实生活中,人脸识别用于各行各业,OpenCV 利用 Haar 级联提供了人脸识别的算法。

(2) Haar 级联

Haar 级联分类器,通过对比分析相邻图像区域来判断给定图像或子图像与已知对象是否匹配。

Haar 特征分为四类:边缘特征、线性特征、中心特征和对角线特征(图 7.6.1)。这些特征组合成特征模板。特征模板内有白色和黑色两种矩形,并定义特征值为白色矩形像素和减去黑色矩形像素和。

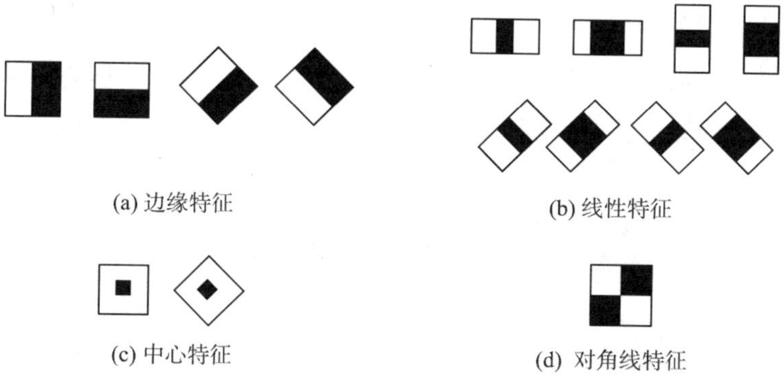


图 7.6.1 Haar 特征

简单地说,Haar 特征的提取就是通过不断改变模板的大小、位置和类型,白色矩形区域像素和减去黑色矩形区域像素和,以得到每种类型模板的大量子特征。

① 积分图。

计算 Haar 的特征值需要计算图像中封闭矩形区域的像素值之和。在不断改变模板大小和位置的情况下,需要计算大量的多重尺度区域,这可能会遍历每个矩形的每个像素值,且同一个像素如果被包含在不同的矩形中会被重复遍历多次，这就导致了大量的计算和高复杂度，因此提出积分图的概念。

积分图原理：将图像以线性时间初始化(仅第二次遍历图像时)，并通过矩形区域四个角的值，提供像素的总和。

通过图 7.6.2 可以更好地理解这个概念。

如果需要计算图像中任意矩形区域，不需要遍历区域内的所有像素。想象左上的点和任何相对的点 $P$ 形成的矩形，设 $AP$ 表示这个矩形的面积，$AB$ 表示通过左上角点和相对的 $B$ 点形成的 $5\times2$ 矩形的面积。

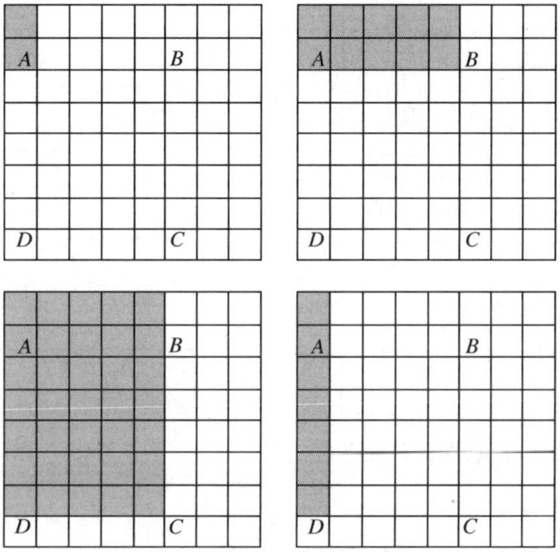


**图** 7.6.2　**计算图像中任意矩形区域**

图中的左上部分，着色像素表示左上角与点 $A$ 之间的区域。这个区域用 $AA$ 表示，剩下的图用 $AB$、$AC$、$AD$ 表示。矩形 $ABCD$ 的面积计算公式为

$$\text{矩形 } ABCD \text{ 的面积} = AC - (AB + AD - AA)$$

提取图像的 Haar 特征需要计算多个尺度矩形的和。这些计算是重复的，因为反复遍历了同一个像素。运行速度非常慢，这对构建一个实时系统来说是不可行的。正如所见，不需要多次遍历相同的像素。如果要计算任意一个矩形区域，公式等号右边的所有值在积分图像中都是易于获取的，只需要用正确的值替代便可提取特征。

② Haar 级联概述。

Haar 级联是一个基于 Haar 特征的级联分类器。级联分类器的作用是一个把弱分类器串联成强分类器。弱分类器是性能受限的分类器，它们没法正确地

区分所有事物，而强分类器可以正确地对数据进行分类。

建立一个实时系统需要保证分类器运行良好并且足够简单。简单分类器不够精确，若试图更精确，则会导致计算密集且运行速度慢。精确度和速度的取舍在机器学习中相当常见。串联一群弱分类器形成一个统一的强分类器，可以解决这个问题。弱分类器不需要太精确，串联起来形成的强分类器具有高精确度。

(3) 人脸识别的流程

人脸检测、图像采集流程如图 7.6.3 所示；人脸识别流程如图 7.6.4 所示。

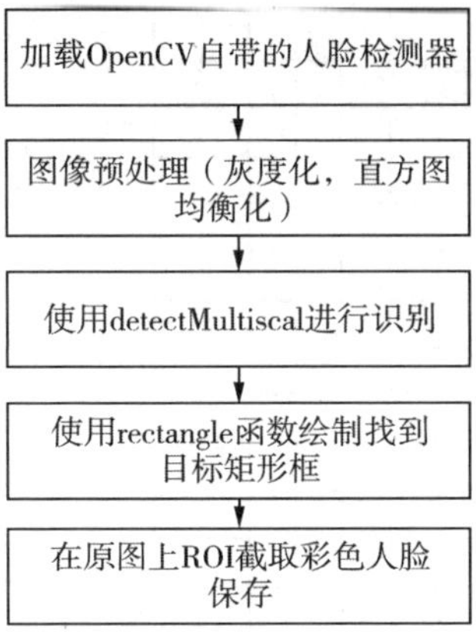


**图 7.6.3　人脸检测、图像采集流程**

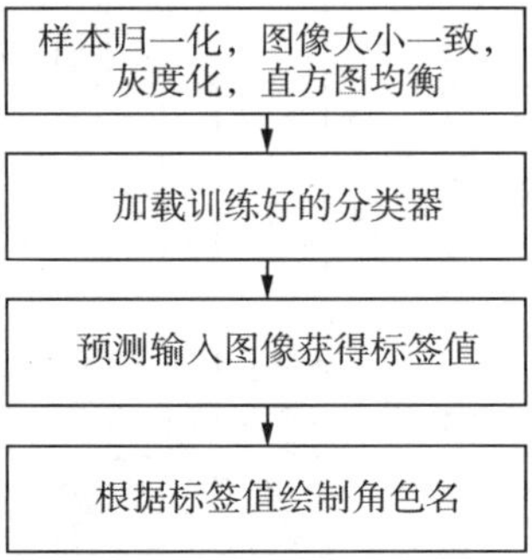


**图 7.6.4　人脸识别流程**

(4) 人脸识别方法

OpenCV 有三种人脸识别方法：

① Fisherfaces：PCA 衍生版本，更高级，速度更快。

② Eigenbfaces：通过 PCA 处理，相对于数据库发散程度，计算训练集越小则数据库与检测到人脸差别越小。

③ Local Binary Pattern Histogram(LBPH)：将人脸分成小单元，与模型对应单元比对，每个比对区域产生一个直方图。

2. 实验步骤

在 uav_workspace 文件夹下新建一个 face_detector.py 脚本，写入如下代码：

```
import cv2
import time

from connect_uav import UPUavControl
```

```
import numpy asnp

from multiprocessing import Process
from multiprocessing.managers import BaseManager

cap = cv2.VideoCapture(0)
ret = cap.set(3, 640)      #  设置帧宽
ret = cap.set(4, 480)      #  设置帧高
font = cv2.FONT_HERSHEY_SIMPLEX#  设置字体样式
kernel = np.ones((5, 5), np.uint8)     #  卷积核

face_cascade =
cv2.CascadeClassifier('E:\workspace\Python\uav_workspace\cascades\
haarcascade_frontalface_default.xml')

class FaceDetector():
def__init__(self):
#  实例化进程间无人机控制实例
BaseManager.register('UPUavControl', UPUavControl)
manager = BaseManager()
manager.start()
self.airplanceApi = manager.UPUavControl()
controllerAir = Process(name="controller_air", target=self.api_init)
controllerAir.start()
time.sleep(0.5)
#  打开摄像头进行识别
self.start_video()

super(FaceDetector, self).__init__()

def api_init(self):
print("process start")
```

```
self.airplanceApi.setServoPosition(0)

def start_video(self):
while cap.isOpened():
ret, frame = cap.read()
src = frame.copy()
result = frame.copy()
gray = cv2.cvtColor(frame, cv2.COLOR_BGR2GRAY)
faces = face_cascade.detectMultiScale(gray, 1.3, 5)

for (x,y, w, h) in faces:
result = cv2.rectangle(frame, (x, y), (x + w, y + h), (255, 0, 0), 2)

if faces is not None:
if len(faces) == 1:
(fx, fy, fw, fh) = faces[0]
target_face_x = fx + fw / 2
offset_x = target_face_x - 640 / 2
offset_x = -offset_x

if offset_x < 0:
self.airplanceApi.move_right(200)
print("move right")
else:
self.airplanceApi.move_left(200)
print("move left")
cv2.imshow("result",result)
cv2.imshow("src",src)
if cv2.waitKey(1) & 0xFF == ord('q'):
break
cap.release()
cv2.destroyAllWindows()
```

```
if_name_ == '_main_':
face_detector = FaceDetector()
```

现使用遥控器控制无人机起飞，将开关拨到“程序控制”模式，打开命令窗口，输入以下命令进行测试：

```
cd uva_workspace
python face_detector.py
```

### 7.6.5　实验结果

无人机上电后，使用 VNC Viewer 远程连接无人机树莓派，并用遥控器解锁，将无人机飞行到与人脸照片高度一致的位置，将第三个开关拨到程序控制挡位(中间挡位)，然后打开 face_detector.py 脚本运行，即可看到无人机一直在跟随人脸照片左右移动。

### 7.6.6　实验报告

① 阐述实验目的和实验内容；
② 说明实验步骤；
③ 绘制实验原理框图；
④ 实验总结。

### 7.6.7　思考题

① Python 语言中，join 和 os.path.join()两个函数之间有什么区别？

答：join：连接字符串数组。将字符串、元组、列表中的元素以指定的字符(分隔符)连接生成一个新的字符串。

os.path.join()：将多个路径组合后返回。

② Python 语言里的 OpenCV VideoCapture 的作用是什么？

答：OpenCV 自带的 VideoCapture()函数定义了摄像头对象，其参数 0 表示第一个摄像头，一般就是笔记本的内置摄像头。cap = cv2.VideoCapture("../test.avi")逐帧显示实现在 while 循环中播放视频，利用视频对象的 read()函数读取视频的某帧，并显示。

③ Python 语言里的 os.listdir()方法是什么？

答：listdir()方法会返回一个列表，其中包含由 path 指定目录中的条目的名称。列表是任意顺序的，它不包括特殊条目“.” 和“..”，即使它们存在于目录中。

路径可以是 str 类型或字节类型。如果路径是字节类型，返回的文件名也将是字节类型；其他情况下，它们将是 str 类型。

④ 使用 cv2.imread()时，OpenCV 为什么提示错误？

答：这类错误发生的原因是图像路径错误、图像不存在、图像被破坏。错误提示意味着 imread()没有得到正确的图像显示。

此时检查图像的形状和值[print(img1.shape) 和 print(img1)]，以确保图像完好。如果带有路径的图像不存在，那么 cv2.imread()返回 None。

若图像不在当前目录中，则必须使用图像的绝对路径。此时要使用 os 模块使路径在其他机器上工作，不能对绝对路径进行硬编码。

## 7.7 二维码识别导航

### 7.7.1 实验目的

① 了解二维码识别原理；

② 了解定位二维码位置的方法。

### 7.7.2 实验要求

① 识别二维码所包含的内容；

② 定位二维码位置；

③ 实现无人机自主导航。

### 7.7.3 实验设备

① 操作系统：Debian Linux；

② 应用工具：智飞-250 无人机系统、显示屏、键盘、鼠标、VNC Viewer。

### 7.7.4 实验方法

1. 实验原理

(1) 二维码识别

二维码识别与定位是机器人视觉领域非常常见的功能，配备了二维码识别功能的无人机可以实现二维码自主导航。二维码识别共有两个步骤：

① 找到二维码；

② 识别二维码所包含的内容。

(2) 定位二维码位置

定位一张图片中的二维码需要以下几个小步骤：

① 将图像转化为灰度图像。

② 使用 OpenCV 自带的 Sobel 算子进行过滤。

Sobel 算子是一种常用的边缘检测算子，属一阶的梯度算法；对噪声具有平滑作用，提供较为精确的边缘方向信息，但边缘定位精度不够高。当对精度要求不是很高时，它是一种较为常用的边缘检测方法。

其常见的应用和物理意义是边缘检测，如图 7.7.1 所示。

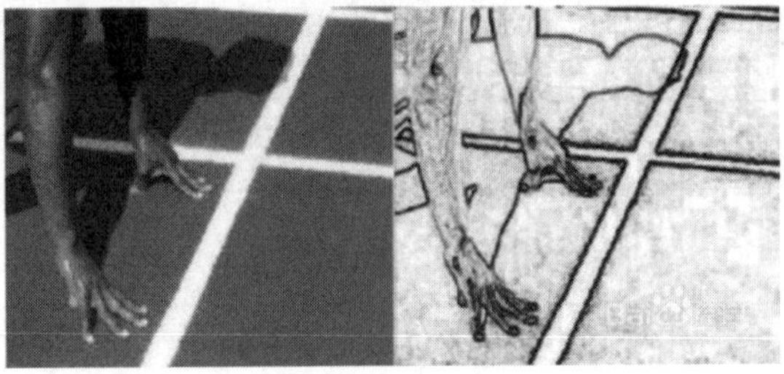

图 7.7.1　边缘检测

Sobel 算子依然是一种过滤器，只是其带有方向。在 OpenCV-Python 中，使用 Sobel 算子的函数原型如下：

dst = cv2.Sobel(src, ddepth, dx, dy[, ksize[, scale[, delta[, borderType]]]]])

参数含义如下(前四项为必要项)：

src 是需要处理的图像；

ddepth 是图像的深度，-1 表示采用的是与原图像相同的深度，目标图像的深度必须大于等于原图像的深度；

dx 和 dy 表示的是求导的阶数，0 表示这个方向上没有求导，一般为 0、1、2；

ksize 是 Sobel 算子的大小，必须为 1、3、5、7；

scale 是缩放导数的比例常数，默认情况下没有伸缩系数；

delta 是一个可选的增量，将会加到最终的 dst 中，同样，默认情况下没有额外的值加到 dst 中；

borderType 是判断图像边界的模式，这个参数默认值为 cv2.BORDER_DE-

FAULT。

③ 将过滤得到的 x 方向像素值减去 y 方向像素值。

④ 先缩放元素再取绝对值，最后转换格式为 8 bit 型。

⑤ 均值滤波取二值化。

⑥ 连续开闭运算。

⑦ FindContour 提取边界。

⑧ 计算出边界最小包围正方形，即可定位。

2. 实验步骤

① 安装 pyzbar。如需在个人的开发环境上安装，输入如图 7.7.2 所示的命令，按下回车键即可安装。

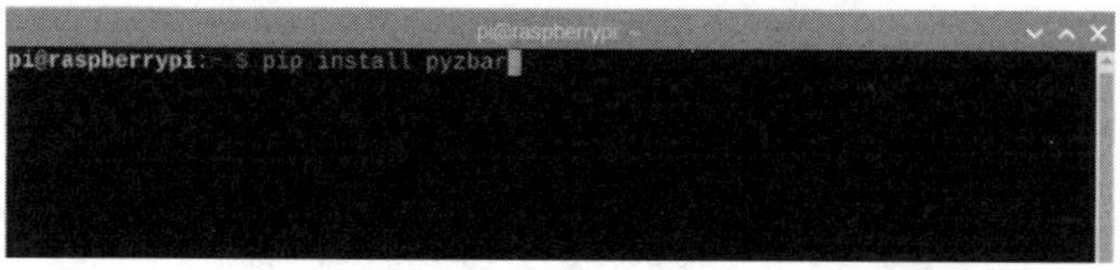


**图 7.7.2　命令输入**

② 接下来，写入二维码识别的代码。在 uva_workspace 文件夹下创建 python 脚本文件 qr_code_scan.py，加入如下代码：

```
# -*- coding: utf-8 -*-
import cv2
import time
from connect_uav import UPUavControl
from pyzbar import pyzbar


from multiprocessing import Process
from multiprocessing.managers import BaseManager
import numpy asnp
cap = cv2.VideoCapture(0)
ret = cap.set(3, 640)     #  设置帧宽
ret = cap.set(4, 480)     #  设置帧高
class QrCodeScan():
def__init__(self):
#  二维码信息
```

```
self.scan_content = "" #  是否开始执行
self.isStart = False #  是否前进
self.isForward = False #  是否执行降落
self.isLanded = False
#  实例化进程间无人机控制实例
BaseManager.register('UPUavControl', UPUavControl)
manager = BaseManager()
manager.start()
self.airplanceApi = manager.UPUavControl()
controllerAir = Process(name="controller_air", target=self.api_init)
controllerAir.start()
time.sleep(0.5)
#  打开摄像头进行识别
self.start_video()
def api_init(self):
print("process start")
#  控制舵机转动到 0 度角
time.sleep(0.5)
self.airplanceApi.setServoPosition(90)
def start_video(self):
while cap.isOpened():
ret, frame = cap.read()
src = frame.copy()
result = frame.copy()
#  找到图像中的条形码并进行解码
barcodes = pyzbar.decode(result)
#  循环检测到的条形码
for barcode in barcodes:
#  提取条形码的边界框的位置
#  画出图像中条形码的边界框
(x, y, w, h) = barcode.rect
cv2.rectangle(result, (x, y), (x + w, y + h), (255, 0, 0), 5)
```

```
# 条形码数据为字节对象,所以如果我们想在输出图像上
# 画出来,就需要先将它转换成字符串
barcodeData = barcode.data.decode("utf-8") barcodeType = barcode.type
# 绘出图像上条形码的数据和条形码类型
text="{}".format(barcodeData, barcodeType)
self.scan_content = barcodeData
# 将识别到的二维码框选到图像上
cv2.putText(result, text, (x,y - 10), cv2.FONT_HERSHEY_SIMPLEX, 8, (255, 0, 0), 2)
points = barcode.polygon
print(points)
p1_x = points[0].x
p2_x = points[1].x
p3_x = points[2].x
p4_x = points[3].x

p1_y = points[0].y
p2_y = points[1].y
p3_y = points[2].y
p4_y = points[3].y

# 定义四个顶点坐标
pts = np.array([[p1_x, p1_y], [p2_x, p2_y], [p3_x, p3_y], [p4_x, p4_y]], np.int32)
# 顶点个数:4,矩阵变成 4*1*2 维
pts = pts.reshape((-1, 1, 2))
cv2.polylies(result,[pts],True,(0, 255, 0))
cv2.circle(result, (p3_x, p3_y), 5, (0, 0, 255), -1)
if self.scan_content == "forward":
self.isForward = True
if self.isForward:
```

```
print("forward")
self.airplanceApi.move_forward(160)
if self.scan_content == "right":
self.airplanceApi.move_right(160)
```

# 判断是否为降落状态,二维码信息是不是 landed,避免多次调用降落函数

```
if self.isLanded == False and self.scan_content == "landed":
print("landed")
self.airplanceApi.land()
self.isForward = False
self.isLanded = True
# 显示二维码识别结果
cv2.imshow("result",result)
cv2.imshow("src",src)
if cv2.waitKey(1) & 0xFF == ord('q'):
break
cap.rclease()
cv2.destroyAllWindows()
if _name_== '_main_':
qr_code_scan = QrCodeScan()
```

③ 使用遥控器控制无人机起飞,将开关拨到"程序控制"模式,打开命令窗口,输入以下命令进行测试。

```
cd uva_workspace
python qr_code_scan.py
```

### 7.7.5 实验结果

通过 VNC Viewer 即可看到无人机识别到二维码信息并显示到窗口上(图 7.7.3)。无人机进行自主导航,当识别到 landed 字样时,无人机进行降落。

图 7.7.3 实验结果

### 7.7.6 实验报告

① 阐述实验目的和实验内容；

② 说明实验步骤；

③ 绘制实验原理框图；

④ 实验总结。

### 7.7.7 思考题

① 利用 OpenCV 提取轮廓时，findContours 和 drawContours 之间的区别是什么？

答：findContours 提取轮廓，用于提取图像的轮廓；drawContours 绘制轮廓，用于绘制找到的图像轮廓。

**注意** findContours()运行时，对应图像会被直接涂改，因此如果是将来还有用的图像，应该复制之后再传给 findContours()。

② Python 语言中 continue 语句的用法是什么？

答：Python 语言中 continue 语句是返回循环的开始。continue 语句拒绝在该循环的当前迭代中的其余语句执行，并移动控制返回到循环的顶部(开始位置)。continue 语句可以在 while 和 for 循环使用。

③ Python 语言中，cv2.waitKey(0)的参数为什么要为 0 呢？

答：cv2.waitKey() 是一个键盘绑定函数。需要指出的是它的时间尺度是毫秒级的。函数等待特定的几毫秒，检测是否有键盘输入。特定的几毫秒之内，如果按下任意键，这个函数会返回按键的 ASCII 值，程序将会继续运行。如果没有键盘输入，返回值为−1。如果设置这个函数的参数为 0，那它将会无限期等待键盘输入。

④ Python 语言中，OpenCV findContours()函数的用法是什么？

答：函数 cv2.findContours()有三个参数。第一个是输入图像，第二个是轮廓检索模式，第三个是轮廓近似方法。而返回值根据 OpenCV 版本不同也不一样，但都会返回一个元组。OpenCV2.$x$ 版本第一个元素是轮廓，而在 OpenCV3.$x$ 中第二个才是轮廓。这个轮廓是一个列表，每个列表元素代表着一个轮廓。

⑤ Python 语言中，Bytes.toBytes()和 String.getBytes()的区别是什么？

答：toBytes()方法是使用 UTF-8 的编码格式将参数转换成 byte[]。getBytes()是先读取 file.encoding 的编码格式，然后用读取的格式进行转换。getBytes()转换的 byte[]的格式取决于操作系统和用户设置。

## 7.8 颜色识别检测跟踪

### 7.8.1 实验目的

① 了解 OpenCV 识别颜色原理；

② 熟悉 OpenCV 对图像的基本处理。

### 7.8.2 实验要求

① 掌握如何使用 Python+OpenCV 识别红色小球；

② 定位红色圆的位置；

③ 实现无人机对准红色圆。

### 7.8.3 实验设备

① 操作系统：Debian Linux；

② 应用工具：智飞- 250 无人机系统、显示屏、键盘、鼠标、VNC Viewer。

### 7.8.4 实验方法

1. 实验原理

在 OpenCV 中，颜色识别是最基础、应用最广的内容。一般来讲，在 OpenCV 中识别特定的颜色需要以下几个步骤：

① 颜色空间转换，将 BGR 转化为 HSV 颜色空间，利用色调区别颜色；

② 按照阈值滤出所识别的颜色；

③ 连续开闭运算，消除噪点，平滑边界；

④ 提取连通域，提取出要识别的颜色。

（1）HSV 颜色空间

HSV 颜色空间的模型对应于圆柱坐标系中的一个圆锥形子集，圆锥的顶面对应于 $V=1$。它包括 RGB 模型中的 $R=1$，$G=1$，$B=1$ 三个面，所代表的颜色较亮。色彩 H 由绕 $V$ 轴的旋转角给定。红色对应于角度 0°，绿色对应于角度 120°，蓝色对应于角度 240°。在 HSV 颜色模型中，每一种颜色和它的补色相差 180°。饱和度 $S$ 取值从 0 到 1，所以圆锥顶面的半径为 1。HSV 颜色模型所代表的颜色域是 CTE 色度图的一个子集，这个模型中饱和度为百分之百的颜色，其纯度一般小于百分之百。在圆锥的顶点（原点）处，$V=0$，$H$ 和 $S$ 无定义，代表黑色。圆锥的顶面中心处 $S=0$，$V=1$，$H$ 无定义，代表白色。从该点到原点代表亮度渐暗的灰色，即具有不同灰度的灰色。对于这些点，$S=0$，$H$ 无定义。可以说，HSV 模型中的 $V$ 轴对应于 RGB 颜色空间中的主对角线。在圆锥面的圆角上的颜色 $V=1$，$S=1$，这种颜色是纯色。HSV 模型对应于画家配色的方法。画家用改变色浓和色深的方法从某种纯色获得不同色调的颜色，例如：在一种纯色中加入白色以改变色浓，加入黑色以改变色深，同时加入不同比例的白色，黑色即可获得各种不同的色调。

HSV 颜色空间可以用一个圆锥空间模型来描述（图 7.8.1）。

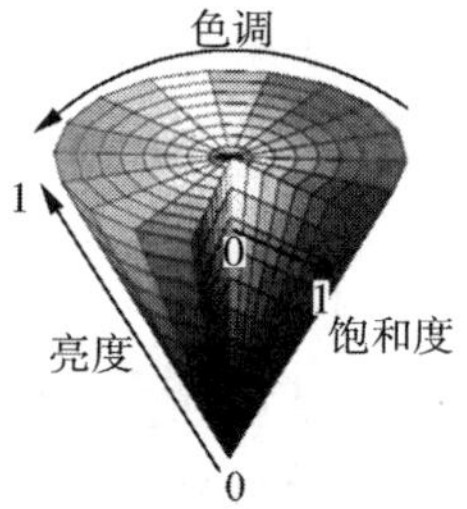


**图** 7.8.1 HSV **颜色空间**

（2）腐蚀与膨胀

腐蚀与膨胀，属于形态学操作，主要用于消除噪声，分割独立的图像元素，连接相邻的元素，以及寻找图像中明显的极大值区域或极小值区域。简单来讲，形态学操作就是基于形状的一系列图像处理操作。通过将结构元素作用于输入图像来产生输出图像。

以提取连通域为例讨论相关操作。在讨论连通区域标记的算法之前，先要明确什么是连通区域，什么样的像素邻接关系构成连通。在图像中，最小的单位是像素，每个像素周围有 8 个邻接像素，常见的邻接关系有两种（图 7.8.2）：4 邻接与 8 邻接。4 邻接一共 4 个点，即上下左右；8 邻接一共有 8 个点，包括了对角线位置的点。

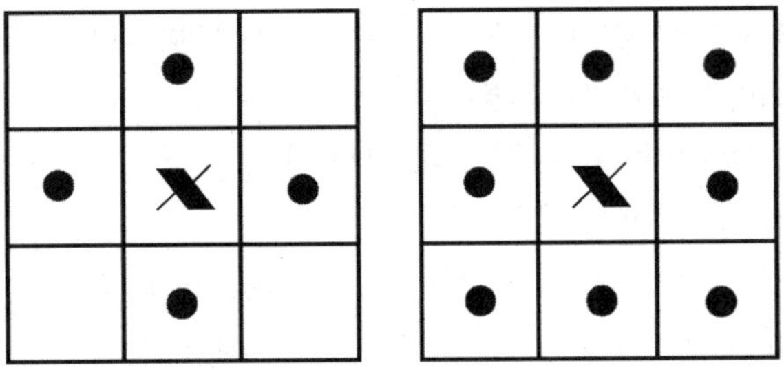


**图** 7.8.2　**邻接关系**

如果像素点 $A$ 与 $B$ 邻接，我们称 $A$ 与 $B$ 连通，且若 $A$ 与 $B$ 连通，$B$ 与 $C$ 连通，则 $A$ 与 $C$ 连通。

视觉上，彼此连通的点形成了一个区域，而不连通的点形成了不同的区域。这样的一个所有的点彼此连通构成的集合，我们称为一个连通区域。

图 7.8.3 中，若考虑 4 邻接，则有三个连通区域；若考虑 8 邻接，则有两个连通区域。（注：图像是被放大的效果，图像正方形实际只有四个像素。）

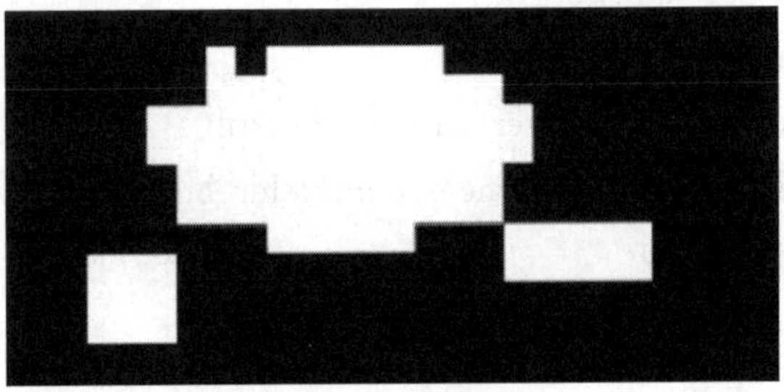

**图** 7.8.3　**提取图像**

提取连通域的算法非常复杂，这里不再赘述。OpenCV 提供了函数 findContours()用于提取连通域。

2. 实验步骤

① 在 uva_workspace 文件夹下创建 Python 脚本文件 red_ball_follower.py，加入如下代码：

```
import numpy asnp
import cv2
import time
from connect_uav import UPUavControl
from multiprocessing import Process
```

```
from multiprocessing.managers import BaseManager
red_min = np.array([0, 128, 46])
red_max = np.array([5, 255, 255])
red2_min = np.array([156, 128, 46])
red2_max = np.array([180, 255, 255]) cap = cv2.VideoCapture(0)
cv2.resizeWindows("resized", 640, 480) ret = cap.set(3, 640)   # 设置帧宽
ret = cap.set(4, 480)   # 设置帧高
font = cv2.FONT_HERSHEY_SIMPLEX   # 设置字体样式
kernel = np.ones((5, 5), np.uint8)   # 卷积核
class RedFollower():
def__init__(self):

# 实例化进程间无人机控制实例
BaseManager.register('UPUavControl', UPUavControl)
manager = BaseManager()
manager.start()
self.airplanceApi = manager.UPUavControl()
controllerAir = Process(name="controller_air", target=self.api_init)
controllerAir.start()
time.sleep(0.5)

self.start_video()

def api_init(self):
print("process start") time.sleep(1)
# 控制舵机旋转 90 度
self.airplanceApi.setServoPosition(0)

def start_video(self):
while cap.isOpened():
r, frame = cap.read() src = frame.copy()
hsv = cv2.cvtColor(src, cv2.COLOR_BGR2HSV)
```

```
res = src.copy()
result = src.copy()
mask_red1 = cv2.inRange(hsv, red_min, red_max)
mask_red2 = cv2.inRange(hsv, red2_min, red2_max)
mask = cv2.bitwise_or(mask_red1, mask_red2)
res = cv2.bitwise_and(src, src, mask=mask)
h, w = res.shape[:2]
blured = cv2.blur(res, (5, 5))
ret, bright = cv2.threshold(blured,10,255,cv2.THRESH_BINARY)
gray = cv2.cvtColor(bright,cv2.COLOR_BGR2GRAY)
kernel = cv2.getStructuringElement(cv2.MORPH_RECT, (5, 5))
opened = cv2.morphologyEx(gray, cv2.MORPH_OPEN, kernel)
closed = cv2.morphologyEx(opened, cv2.MORPH_CLOSE, kernel)
contours, hierarchy = cv2.findContours(closed, cv2.RETR_TREE, cv2.
CHAIN_APPROX_SIMPLE)
if len(contours) > 0:
largest_area = 0 choose = 0
target_contour = None
for i in range(0, len(contours)):
x, y, w, h = cv2.boundingRect(contours[i]) area = w * h
if area > largest_area:
largest_area = area
choose = i
target_contour = contours[choose] if target_contour is not None:
tx, ty, tw, th = cv2.boundingRect(target_contour) txmin = max(0,tx-20)
tymin = max(0,ty-20)
txmax = min(640, tx+tw+20)
tymax = min(480, ty+th+20)

###get roi area###
red_roi = src[tymin: tymax, txmin: txmax]
gray_roi = closed[tymin: tymax, txmin: txmax]
```

```
circles = cv2.HoughCircles(gray_roi, cv2.HOUGH_GRADIENT, 1, 20,
param1=50, param2=20, minRadius=0,maxRadius=0)
if circles is not None:
circles = np.uint16(np.around(circles))
for i in circles[0, :]:
cv2.circle(src, (i[0], i[1]), i[2], (0, 0, 255), 2)
cv2.circle(src, (i[0], i[1]), 2, (255, 0, 0), 2)
if len(circles) == 1:
target_circle = circles[0]
###calc offset x###
offset_x = target_circle[0][0] + txmin - 320 ###offset x to center
offset_y = target_circle[0][1] + tymin - 240 ###offset y to center
if offset_x <-30:
self.airplanceApi.move_left(200)
print("move left")
elif offset_x > 30:
self.airplanceApi.move_right(200)
print("move right")
cv2.imshow("ROI", red_roi)
cv2.imshow("src", frame)
k = cv2.waitKey(5) & 0xFF
ifk == 27:
break
cap.release()
cv2.destroyAllWindows()
if _name_== '_main_':
red_follower = RedFollower()
```

② 使用遥控器控制无人机起飞，将开关拨到“程序控制”模式，打开命令窗口，输入以下命令进行测试：

```
cd uva_workspace
python red_ball_follower.py
```

### 7.8.5 实验结果

无人机识别到小球,并进行跟踪,如图 7.8.4 所示。

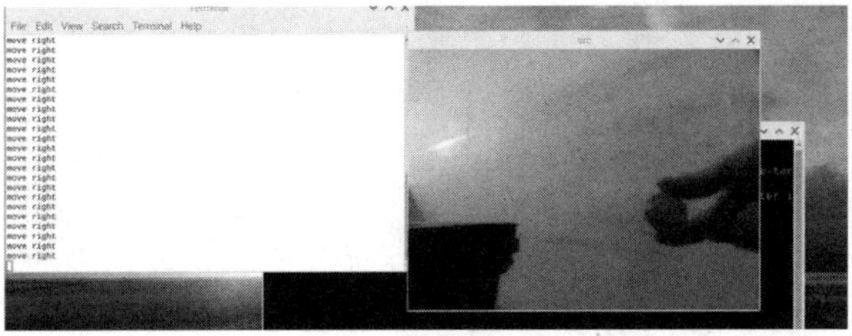

图 7.8.4 实验结果

### 7.8.6 实验报告

① 阐述实验目的和实验内容;

② 说明实验步骤;

③ 绘制实验原理框图;

④ 实验总结。

### 7.8.7 思考题

① Python list 和 NumPy array 有什么区别?

答:在标准 Python 的列表(list)中,元素本质是对象。如:L=[1, 2, 3],需要三个指针和三个整数对象,对于数值运算比较耗费内存和 CPU。因此,NumPy 提供了 ndarray 对象:存储单一数据类型的多维数组。

② OpenCV 里的 RGB 与 HSV 如何转换?

答:RGB 代表红(Red)、绿(Green)与蓝(Blue)三原色,强度可以由三分量的向量表示。

HSV 中的 H 代表色彩,S 代表深浅,当 $S=0$ 时只有灰度,V 是明亮,代表色彩明亮程度。RGB 到 HSV 转换公式如下:

HSV 到 RGB 转换演算如下:

```
if s = 0
R=G=B=V
else
H /= 60;
```

```
i = INTEGER(H)

f = H - i
a = V * (1 - s)
b = V * (1 - s * f)
c = V * (1 - s * (1 - f))

switch(i)
case 0: R = V; G = c; B = a;
case 1: R = b; G = v; B = a;
case 2: R = a; G = v; B = c;
case 3: R = a; G = b; B = v;
case 4: R = c; G = a; B = v;
case 5: R = v; G = a; B = b;
```

## 7.9 无人机视觉巡线实验

### 7.9.1 实验目的

掌握利用 OpenCV 对图像二值化处理。

### 7.9.2 实验要求

① 识别图像中的黑线；

② 无人机沿着黑线飞行。

### 7.9.3 实验设备

① 操作系统:Debian Linux；

② 应用工具:智飞-250 无人机系统、显示屏、键盘、鼠标、VNC Viewer。

### 7.9.4　实验方法

1. 实验原理

二值化是图像分割的一种方法。在对图像进行二值化处理的时候，把大于某个临界灰度值的像素灰度设为灰度极大值，把小于这个值的像素灰度设为灰度极小值，从而实现二值化。

根据阈值选取的不同，二值化的算法分为固定阈值和自适应阈值。比较常用的二值化方法有双峰法、$P$ 参数法、迭代法和 Otsu 法等。

(1) 双峰法

在一些简单的图像中，物体的灰度分布比较有规律，背景与目标在图像的直方图中各自形成一个波峰，即区域与波峰一一对应，每两个波峰之间形成一个波谷。那么，选择波谷所代表的灰度值 $T$ 作为阈值，即可实现两个区域的分割，如图 7.9.1 所示。

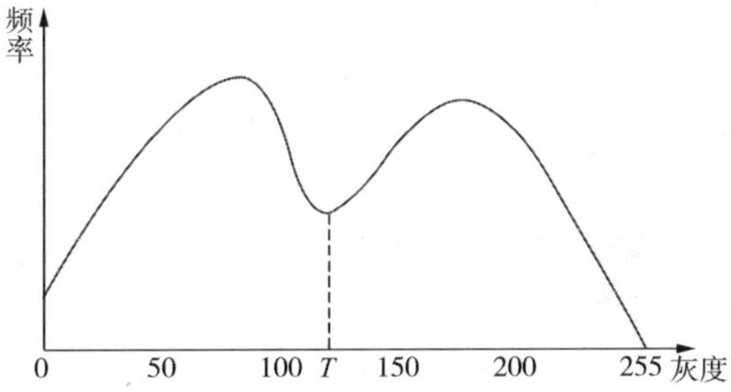


**图** 7.9.1　**双峰法**

在直方图中，可以明显地看到两个山峰状的图像分布，山峰的顶点记为 Hmax1 和 Hmax2，对应的灰度值分别为 $T_1$ 和 $T_2$，那么双峰法图像分割的思路就是找到两个山峰之间的谷地最低值，即在[$T_1$，$T_2$]的灰度范围内寻找阈值 $T$，使其满足对应的像素数目最少，表现在图像上就是高度最低，再用 $T$ 对图像进行分割或二值化处理。

(2) $P$ 参数法

所谓 $P$ 参数法图像分割，就是在知道图像中目标所占的比率 $P$ 时，循环用不同灰度值对图像进行分割，并计算对应的目标所占的比率。如果该比率与 $P$ 的差值足够小，那么该阈值就是所求的最佳分割阈值。

算法过程如下：

① 已知目标图像所占比率 $P$；

② 设定一阈值 $T_H$，它将图像分割为两部分，目标部分 A 和背景部分 B，统计两部分所包含的像素数目分别为 $N_A$ 和 $N_B$；

③ 将 $T_H$ 从 1～254 迭代，每改变一次 $T_H$，计算一次 $N_A$、$N_B$，根据 $N_A$、$N_B$ 计算目标所占的比率，公式如下：

$$P' = \frac{N_A}{N_A + N_B}$$

④ 计算当前阈值对应的分割比率与已知比率的差值，若小于某阈值则停止迭代，否则，转至③继续进行，公式如下：

$$|P - P'| < T$$

其中，$T$ 为某一小数。

(3) 迭代法

迭代法是首先猜测一个初始阈值，然后通过对图像的多次计算来优化阈值。重复地对图像进行阈值操作，将图像分割为对象类和背景类，然后利用每一个类中的灰阶级别对阈值进行改进。

① 为全局阈值选择一个初始估计值 $T$(图像的平均灰度)；

② 用 $T$ 分割图像。产生两组像素：$G_1$ 由灰度值大于 $T$ 的像素组成，$G_2$ 由小于等于 $T$ 的像素组成；

③ 计算 $G_1$ 和 $G_2$ 像素的平均灰度值 $m_1$ 和 $m_2$；

④ 计算一个新的阈值：$T = (m_1 + m_2)/2$；

⑤ 重复步骤②和④，直到连续迭代中的 $T$ 值间的差小于一个预定义参数为止。

(4) Otsu 法

最大类间方差法是由日本学者大津于 1979 年提出的，是一种自适应的阈值确定的方法，又叫大津法，简称 Otsu 法。它是按图像的灰度特性，将图像分成背景和目标两部分。背景和目标之间的类间方差越大，说明构成图像的两部分的差别越大，当部分目标错分为背景或部分背景错分为目标都会导致两部分差别变小。因此，使类间方差最大的分割意味着错分概率最小。对于图像 $I(x, y)$，前景(目标)和背景的分割阈值记作 $T$，属于前景的像素点数占整幅图像的比例记为 $\omega_0$，其平均灰度为 $\mu_0$；背景像素点数占整幅图像的比例为 $\omega_1$，其平均灰度为 $\mu_1$；图像的总平均灰度记为 $\mu$，类间方差记为 $g$。

假设图像的背景较暗，并且图像的大小为 $M \times N$，图像中像素的灰度值小于阈值 $T$ 的像素个数记作 $N_0$，像素灰度大于阈值 $T$ 的像素个数记作 $N_1$，则有

$$\omega_0 = N_0/M \times N$$

$$\omega_1 = N_1/M \times N$$

$$N_0 + N_1 = M \times N$$

$$\omega_0 + \omega_1 = 1$$

$$\mu = \omega_0\mu_0 + \omega_1\mu_1 \tag{7.9.1}$$

$$g = \omega_0(\mu_0 - \mu)2 + \omega_1(\mu_1 - \mu)2 \tag{7.9.2}$$

将式(7.9.1)代入式(7.9.2)，得到等价公式：

$$g=\omega_0\omega_1(\mu_0-\mu_1)^2$$

采用遍历的方法得到使类间方差最大的阈值 $T$，即为所求。

2. 实验步骤

① 在 uva_workspace 文件夹下创建 Python 脚本文件 line_follower.py，添加如下代码：

```
import numpy asnp
import cv2
import time
import math
from pyzbar import pyzbar
from connect_uav import UPUavControl
from multiprocessing import Process
from multiprocessing.managers import BaseManager
red_lower = np.array([0,43,46])
red_upper = np.array([10,255,255])
red_lower1 = np.array([156,43,46])
red_upper1 = np.array([180,255,255])
kernel = np.ones((5, 5), np.uint8)     # 卷积核
font = cv2.FONT_HERSHEY_SIMPLEX
cap = cv2.VideoCapture(0)
no_slice = 4
center = (240, 180)
forward_speed = 300
move_speed = 200
class LineFollower():
```

```
def__init__(self):
#  二维码信息
self.scan_content = ""
#  二维码是否在中心位置
self.is_code_center = False
#  是否继续巡线
self.is_follow = True
#  是否沿直线行驶
self.is_forward = False
#  是否有左右偏差
self.is_offset = False
#  当前无人机执行任务状态显示
self.state = "line follower"
#  实例化进程间无人机控制实例
BaseManager.register('UPUavControl',UPUavControl)
manager = BaseManager()
manager.start()
self.airplanceApi = manager.UPUavControl()
controllerAir = Process(name = "controller_air",target=self.api_init)
controllerAir.start()
time.sleep(0.5)
#  控制无人机到指定高度,并且悬停 5 秒
self.airplanceApi.set_height(60)
self.airplanceApi.get_air_height()
time.sleep(5)
#  打开摄像头进行识别
self.start_video()
super(LineFollower, self).__init__()
def api_init(self):
print("process start")
time.sleep(1)
#  控制舵机旋转 90 度
```

```
self.airplanceApi.setServoPosition(90)
#  摄像头识别开始
def start_video(self):
while cap.isOpened():
ret,frame = cap.read()
frame = cv2.resize(frame, (0, 0), fx=0.75, fy=0.75)
#  红色圆点识别
hsv = cv2.cvtColor(frame, cv2.COLOR_BGR2HSV)
mask1 = cv2.inRange(hsv, red_lower, red_upper)
mask2 = cv2.inRange(hsv, red_lower1, red_upper1)
mask = mask1 + mask2
mask = cv2.erode(mask, None, iterations=2)
mask = cv2.GaussianBlur(mask, (3, 3), 0)
red_img = cv2.GaussianBlur(frame, (5, 5), 0)
hsv = cv2.cvtColor(red_img, cv2.COLOR_BGR2HSV)
res = cv2.bitwise_and(red_img, red_img, mask=mask)
cnts = cv2.findContours(mask.copy(),
cv2.RETR_EXTERNAL, cv2.CHAIN_APPROX_SIMPLE)[-2]
#  判断是否沿直线走
if self.is_forward:
self.airplanceApi.move_forward(forward_speed)

#  识别到红色圆点
if  len(cnts) > 0 and self.is_forward ==False:
x, y, radius = circles[0][0]
c = (x, y)
cv2.circle(frame, c, radius, (0, 255, 0), 2)
cnt = max(cnts, key=cv2.contourArea)
(x, y), radius = cv2.minEnclosingCircle(cnt)
cv2.circle(red_img, (int(x),int(y)), int(radius), (0, 250, 0), -1)
self.is_follow = False
offset_x = (x + radius) - 240
```

```
# 计算偏移量
if 20 < offset_x :
self.state = "red detector : move left"
self.airplanceApi.move_left(move_speed)
elif offset_x < -20 :
self.state = "red detector : move right"
self.airplanceApi.move_right(move_speed)
else:
self.is_forward = True
self.state = "qr scan"
# 二维码识别
self.decode(frame)
if frame is not None:
# 判断二维码信息,如果二维码信息为 landed 且在中心上执行降落
if self.scan_content == "landed" and self.is_code_center:
self.is_follow = False
self.is_forward = False
self.state = "landed"
self.airplanceApi.land()
# 黑线识别
img = cv2.cvtColor(frame, cv2.COLOR_BGR2GRAY)
img = self.remove_background(img, True)
slices, cont_cent = self.slice_out(img, no_slice)
img = self.repack(slices)
self.line(img, frame, center, cont_cent)
cv2.putText(frame, self.state, (240, 40), cv2.FONT_HERSHEY_SIM-
PLEX, .5, (255, 0, 0),2)
# 显示图片三个识别窗口
cv2.imshow('frame', img)
cv2.imshow('scan', frame)
cv2.imshow("res", res)
else:
```

```
break
if cv2.waitKey(1) & 0xFF == ord('q'):
break
cap.release()
cv2.destroyAllWindows()
#   二维码识别
def decode(self,image):
#   找到图像中的条形码并进行解码
barcodes = pyzbar.decode(image)
#   循环检测到的条形码
for barcode in barcodes:
#   提取条形码的边界框的位置
#   画出图像中条形码的边界框
(x, y, w, h) = barcode.rect
cv2.rectangle(image, (x, y), (x + w, y + h), (255, 0, 0), 5)
#   条形码数据为字节对象,所以如果想在输出图像上
#   画出来,就需要先将它转换成字符串
barcodeData = barcode.data.decode("utf-8")
barcodeType = barcode.type
#   绘出图像上条形码的数据和条形码类型
text = "{}".format(barcodeData, barcodeType)
self.scan_content = barcodeData
cv2.putText(image, text, (x, y - 10), cv2.FONT_HERSHEY_SIMPLEX, 8, (255, 0, 0), 2)
offset_x = (x + w) / 2
offset_y = (x + h) / 2

#   计算二维码偏移量,调节无人机对准二维码
if offset_y < 217:
self.airplanceApi.move_backward(forward_speed)
self.is_code_center = False
self.state = "qr scan : move_backward"
```

```
elif offset_y > 237:
self.airplanceApi.move_forward(forward_speed)
self.is_code_center = False
self.state = "qr scan : move_forward"
elif offset_x < 225:
self.airplanceApi.move_left(move_speed)
self.is_code_center = False
self.state = "qr scan : move_left"
elif offset_x > 255:
self.airplanceApi.move_right(move_speed)
self.is_code_center = False
self.state = "qr scan : move_right"
else:
self.is_code_center = True
print(text)
#  获取中心点
def get_contour_center(self,contour):
m = cv2.moments(contour)
if m["m00"] == 0:
return [0, 0]
x = int(m["m10"] / m["m00"])
y = int(m["m01"] / m["m00"]) return [x, y]
def process(self,image):
thresh = cv2.threshold(image, 100, 255, cv2.THRESH_BINARY_INV)
#  获取阈值
contours,hierarchy = cv2.findContours(thresh, cv2.RETR_TREE, cv2.CHAIN_APPROX_SIMPLE)
#  获取轮廓
if contours:
main_contour = max(contours, key=cv2.contourArea)
cv2.drawContours(image, [main_contour], -1, (150, 150, 150), 2)
contour_center = self.get_contour_center(main_contour)
```

```
cv2.circle(image, tuple(contour_center), 2, (150, 150, 150), 2)
else:
return image,(0,0)
return image, contour_center
def slice_out(self,im, num):
cont_cent = list()
height, width = im.shape[:2]
sl = int(height / num)
sliced_imgs = list()
for i in range(num):
part = sl * i
crop_img = im[part:part + sl, 0:width]
processed = self.process(crop_img)
sliced_imgs.append(processed[0])
cont_cent.append(processed[1])
return sliced_imgs, cont_cent
def remove_background(self,image, b):
up = 100
lo = 0
#  从边界创建 NumPy 数组
lower = np.array([lo], dtype="uint8")
upper = np.array([up], dtype="uint8")
# 移除所有超过白色阈值的区域
if b is True:
mask = cv2.inRange(image, lower, upper)
image = cv2.bitwise_and(image, image, mask=mask)
image = cv2.bitwise_not(image, image, mask=mask)
image = (255 - image)
return image
else:
return image
def repack(self,images):
```

```
im = images[0]
for i in range(len(images)):
if i == 0:
im = np.concatenate((im, images[1]), axis=0)
if i > 1:
im = np.concatenate((im, images[i]), axis=0)
return im
def line(self,image,frame, center, cont_cent):
#  把图像上下 4 等分
cv2.line(image, (0, 90), (480, 90), (30, 30, 30), 1)
cv2.line(image, (0, 180), (480, 180), (30, 30, 30), 1)
cv2.line(image, (0, 270), (480, 270), (30, 30, 30), 1)
cv2.line(image, (240, 0), (240, 360), (30, 30, 30), 1)
#  计算每个块中心点间的偏移角度
line_angle1 = math.atan2(cont_cent[1][0] - cont_cent[0][0], cont_cent[1][1] + 65 - cont_cent[0][1])
line_angle1 = int(180 * line_angle1 / math.pi)
line_angle2 = math.atan2(cont_cent[2][0] - cont_cent[1][0], cont_cent[2][1] + 65 * 2 - cont_cent[1][1] + 65)
line_angle2 = int(180 * line_angle2 / math.pi)
line_angle3 = math.atan2(cont_cent[3][0] - cont_cent[2][0], cont_cent[3][1] + 65 * 3 - cont_cent[2][1] + 65 * 2)
line_angle3 = int(180 * line_angle3 / math.pi)
#  计算各点的 x 轴的偏移量
offset_x1 = cont_cent[1][0] - cont_cent[0][0]
offset_x2 = cont_cent[2][0] - cont_cent[1][0]
offset_x3 = cont_cent[3][0] - cont_cent[2][0]
#  计算第三个点与中心点的偏移量
offset_center = cont_cent[2][0] - 240
print("角度 1 :" + str(line_angle1) + "     角度 2 :" + str(line_angle2) + "     角度 3 :" +str(line_angle3))
for i in range(len(cont_cent)):
```

```
cv2.line(image, center, (cont_cent[i][0], cont_cent[i][1] + 65 * i),
(100, 100, 100), 1)
# 判断是否在巡线,判断下一步的飞行姿态
if self.is_follow:
if offset_center > 70:
self.airplanceApi.move_right(move_speed)
self.state = "line follower : move_right"
elif offset_center < -70:
self.airplanceApi.move_left(move_speed)
self.state = "line follower : move_left"
else:
self.state = "line follower : move_forward"
self.airplanceApi.move_forward(forward_speed)

if abs(line_angle1) > 15 or abs(line_angle2) > 15 or abs(line_angle3) >
15:
if cont_cent[0][0] ! = 0 and cont_cent[1][0] ! = 0:
if offset_x1 > 0:
self.state = "line follower : turn_left"
self.airplanceApi.turn_left(move_speed) else:
self.state = "line follower : turn_right"
self.airplanceApi.turn_right(move_speed)
else:
if cont_cent[1][0] ! = 0 and cont_cent[2][0] ! = 0:
if offset_x2 > 0:
self.state = "line follower : turn_left"
self.airplanceApi.turn_left(move_speed)
else:
self.state = "line follower : turn_right"
self.airplanceApi.turn_right(move_speed)
else:
if cont_cent[2][0] ! = 0 and cont_cent[3][0] ! = 0:
```

```
if offset_x3 > 0:
self.state = "line follower : turn_left"
self.airplanceApi.turn_left(move_speed)
else:
self.state = "line follower : turn_right"
self.airplanceApi.turn_right(move_speed)
if _name_ == '_main_':
line_follower = LineFollower()
```

② 使用遥控器控制无人机解锁，将开关拨到“程序控制”模式，打开命令窗口，输入以下命令进行测试：

```
cd uva_workspace
python line _follower.py
```

### 7.9.5 实验结果

无人机识别到黑线，并且沿着黑线进行巡线，如图 7.9.2 所示。

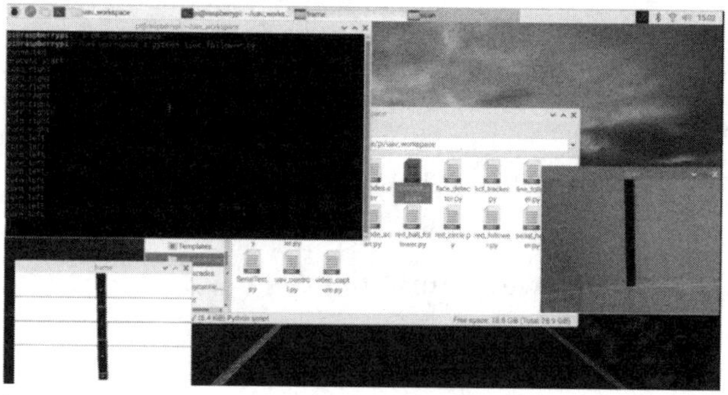

**图 7.9.2 实验结果**

### 7.9.6 实验报告

① 阐述实验目的和实验内容；
② 说明实验步骤；
③ 绘制实验原理框图；
④ 实验总结。

### 7.9.7 思考题

① 彩色图像、灰度图像、二值图像和索引图像的概念是什么？

答：彩色图像：RGB 图像。灰度图像：0～255 像素值。二值图像：0 和 1，用于掩膜图像。索引图像：在灰度图像中，自定义调色板，自定义输出 256 种颜色值。

② 为什么要进行图像滤波？

答：适应图像处理要求，消除图像数字化时所混入的噪声。

③ 滤波器实现的结果是什么样的？

答：对图像做平滑或滤波后图像变得更模糊。

## 7.10 基于 KCF 目标检测跟踪

### 7.10.1 实验目的

① 掌握摄像头追踪框选的指定目标；

② 掌握底盘同步追踪。

### 7.10.2 实验要求

① 能够实现目标跟踪功能；

② 了解目标跟踪的理论及操作。

### 7.10.3 实验设备

① 操作系统：Debian Linux；

② 应用工具：智飞-250 无人机系统、显示屏、键盘、鼠标、VNC Viewer。

### 7.10.4 实验方法

1. 实验原理

本实验使用的是一种融合 Cuckoo 搜索和 KCF 算法的突变运动目标跟踪方法。具体步骤如下：① 初始化目标状态参数。② 利用 KCF 跟踪方法获得前 $k$ 帧的 $k$ 个最大响应值，计算置信度阈值的初始值。③ 依据当前帧最大响应值与置信度阈值的关系，确定不同的基样本图像产生方式。当最大响应值大于置信度阈值，随机选取基图像样本，执行 KCF 方法跟踪目标；当小于置信度阈值，采用 Cuckoo 搜索机制获取全局最优的目标预测状态，产生新的基图像样本，执行 KCF 方法跟踪目标。④ 采用新的最大响应值动态更新置信度阈值，重复上述操作，实现突变运动目标的有效跟踪。

在 KCF 目标跟踪方法中，相关滤波方法就是根据当前帧的信息和之前帧的信息训练出一个相关滤波器，然后与新输入的帧进行相关性计算，得到的置信图就是预测的跟踪结果，如图 7.10.1 所示。显然，得分最高的那个点（或者块）就是最可能的跟踪结果。

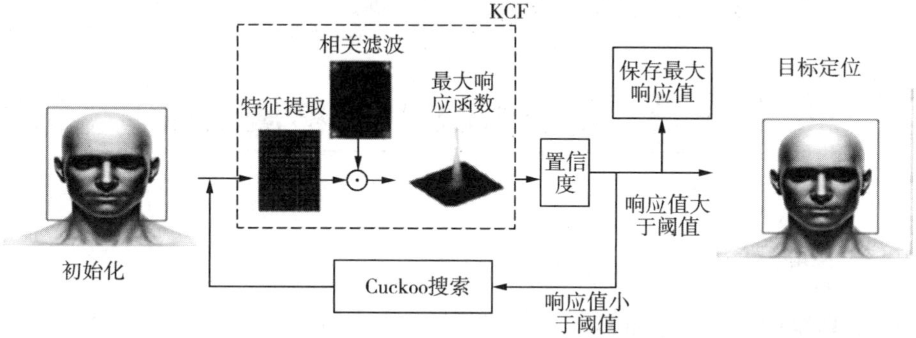


**图 7.10.1 KCF 目标跟踪方法示意**

2. 实验步骤

① 在 uva_workspace 文件夹下创建 python 脚本文件 kcf_tracker.py，加入如下代码：

```
import cv2
import time
import numpy asnp
from picamera.array import PiRGBArray
from picamera import PiCamera
from video_capture import VideoCapture
from connect_uav import UPUavControl
from multiprocessing import Process
from multiprocessing.managers import BaseManager
class KCFTracker(VideoCapture):
def__init__(self):
```

```
self.kcf_tracker = None
#  实例化进程间无人机控制实例
BaseManager.register('UPUavControl', UPUavControl)
manager = BaseManager()
manager.start()
self.airplanceApi = manager.UPUavControl()
controllerAir = Process(name="controller_air", target=self.api_init)
controllerAir.start()
time.sleep(0.5)
#  控制云台旋转到 0 度
self.airplanceApi.setServoPosition(0)
self.initKCF()
super(KCFTracker, self).__init__()
def api_init(self):
print("process start")
def initKCF(self):
self.kcf_tracker = cv2.TrackerKCF_create()
def process_image(self, image):
try:
if self.detect_box is None:
return image
src = image.copy()
if self.track_box is None or not self.is_rect_nonzero(self.track_box):
self.track_box = self.detect_box
if self.kcf_tracker is None:
raise Exception("tracker not init")
status = self.kcf_tracker.init(src, self.track_box)
if not status:
raise Exception("tracker initial failed")
else:
self.track_box = self.track(src)
if self.track_box is not None:
```

```
(tx, ty, tw, th) = self.track_box
target_track_x = tx + tw / 2
target_track_y = ty + th / 2
offset_x = target_track_x - self.src_width / 2
offset_x = -offset_x
offset_y = target_track_y - self.src_height / 2
if tw < 100:
print("move_forward")
self.airplanceApi.move_forward(200)
eliftw > 120:
print("move_backward")
self.airplanceApi.move_backward(200)
else:
if offset_x < 0:
self.airplanceApi.move_right(200)
print("move right")
else:
self.airplanceApi.move_left(200)
print("move left")
else:
self.hover()
except:
pass
return src
def track(self, frame):
status, coord = self.kcf_tracker.update(frame)
center = np.array([[np.float32(coord[0] + coord[2] / 2)], [np.float32(coord[1] + coord[3] / 2)]]) cv2.circle(frame, (center[0], center[1]), 4, (255, 60, 100), 2)
round_coord = (int(coord[0]), int(coord[1]), int(coord[2]), int(coord[3]))
return round_coord
```

```
if _name_ == '_main_':
kcf_tracker = KCFTracker()
```

② 使用遥控器控制无人机解锁起飞到一定高度，将开关拨到“程序控制”模式，打开命令窗口，输入以下命令进行测试：

```
cd uva_workspace
python kcf _tracker.py
```

### 7.10.5　实验结果

在摄像头画面中框选一个物体，无人机跟随框选到的物体进行跟踪，如图 7.10.2 所示。

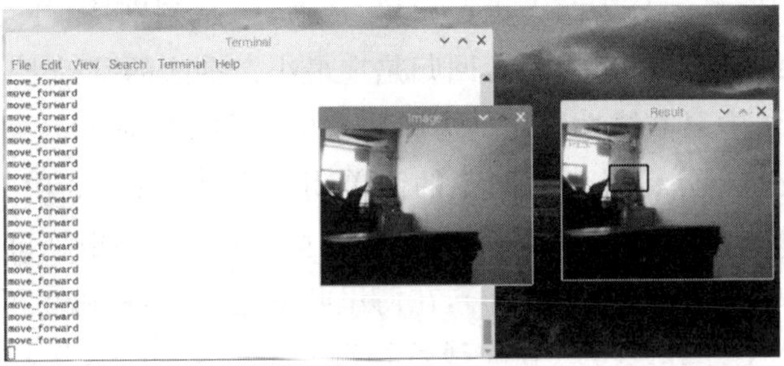


**图 7.10.2　实验结果**

### 7.10.6　实验报告

① 阐述实验目的和实验内容；
② 说明实验步骤；
③ 绘制实验原理框图；
④ 设置目标追踪的基本参数；
⑤ 实施目标跟踪过程中的条件检验；
⑥ 实验总结。

### 7.10.7　思考题

① KCF 中用到的加速方法有哪些？

答：检测：使用循环矩阵结合傅里叶变换计算响应图，原本 O(n^3)的算法只需要 O(nlg(n))。

训练：利用循环矩阵性质，在频域进行训练。

核回归提速：对于核函数，也可以转化到频域进行训练和检测，大大提高速度。

特殊核函数进一步加速：对于高斯核，多项式核可以进一步利用循环矩阵计算核函数的循环矩阵。

② KCF 算法有哪些特点？

答：通过循环移位产生了大量的虚拟样本；利用循环矩阵可以实现傅里叶域对角化，大大减少了运算量，提高了运算速度；针对线性不可分的情况，引入核技巧映射到高维空间，使其线性可分；核函数的运用，增强了分类器的性能；采用 HOG 特征，相对于灰度特征和颜色特征，准确度更高。

③ 目标跟踪算法分为几大类？

答：目标跟踪算法分为两大类，一是生成法，二是判别法。KCF 算法属于判别法，采用岭回归的方法建模。岭回归是在最小二乘法的基础上改进的，是为了解决最小二乘法中复共线性导致的方差较大的问题。岭回归是在最小二乘法的基础上增加了惩罚项 $\lambda$，得到岭回归的简单闭式解（图 7.10.3 中的式①）。由于 $\boldsymbol{X}$ 是由 $x$ 循环移位得到的，所以 $\boldsymbol{X}$ 为循环矩阵，利用循环矩阵可转化为傅里叶域对角线形式（图 7.10.3 中的式⑦），在傅里叶域进行求解，避免了空间域矩阵求逆的过程，简化了计算。考虑到非线性情况，KCF 算法引入了核函数。对于线性不可分问题，可以将样本映射到高维空间，在高维空间对样本进行分类。

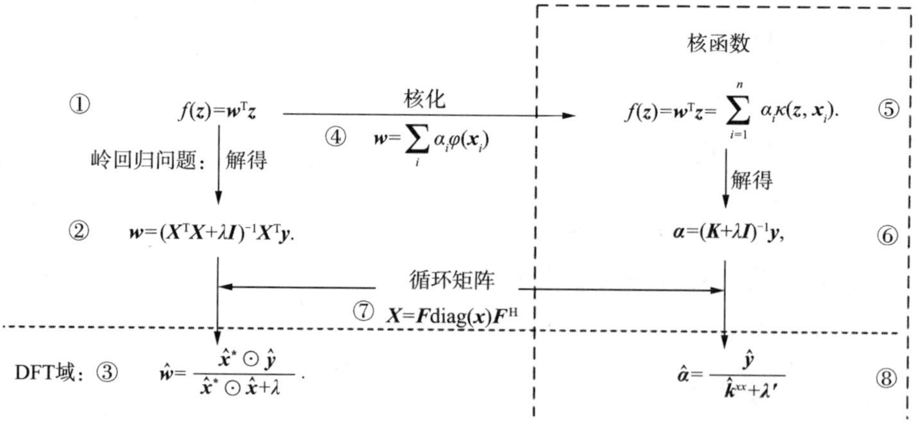


**图** 7.10.3　KCF **算法**

核函数的优点是不必知道映射函数的具体形式，也不用计算具体的映射值，只需要在原空间进行内积运算，避免了高维的复杂运算。采用核函数后，将对 $\omega$ 的求解转化为对 $\alpha$ 的求解，可得解式⑥，$\boldsymbol{K}$ 为循环矩阵，利用循环矩阵的性质进一步化简得到式⑧，也就是最终要求的变量值。利用式⑧便可进行样本训练。

④ KCF 的主要工作有哪些？

答：利用目标周围区域的循环矩阵采集正负样本，利用脊回归训练目标检测器，以及循环矩阵在傅里叶空间可对角化的性质将矩阵的运算转化为向量的 Hadamad 积，即元素的点乘，大大降低了运算量，提高了运算速度，使算法满足实时性要求。

将线性空间的脊回归通过核函数映射到非线性空间，在非线性空间通过求解一个对偶问题和某些常见约束，同样地可以使用循环矩阵傅里叶空间对角化简化计算。同时，给出了一种将多通道数据融入该算法的途径。

⑤ KCF 提取目标区域的特征可以是灰度特征，使用 Hog 特征能够取得更好的效果，那么 Hog 特征该如何加入前面提到的模型呢？

答：Hog 特征是将图像划分成较小的局部块，称为 cell，在 cell 里提取梯度信息，绘制梯度方向直方图，然后为了减小光照影响，将几个 cell 的方向直方图串在一起进行 block 归一化，最终将所有的 cell 直方图串联起来就得到图像的特征。

# 参考文献

[1] 孙毅.无人机驾驶员航空知识手册[M].北京:中国民航出版社,2014.
[2] 朱宝鎏.无人飞机空气动力学[M].北京:航空工业出版社,2006.
[3] 巴恩哈德,霍特曼,马歇尔,等.无人机系统导论[M].沈成林,吴利荣,牛铁峰,等译.北京:国防工业出版社,2014.
[4] 法斯多姆,等.无人机系统导论[M].吴汉平,等译.2 版.北京:电子工业出版社,2003.
[5] 谢辉.无人机应用基础[M].西安:西北工业大学出版社,2018.
[6] 符长青,曹兵,李睿堃.无人机系统设计[M].北京:清华大学出版社,2019.
[7] 符长青.无人机动力技术[M].西安:西北工业大学出版社,2018.
[8] 埃里克·马瑟斯.Python 编程:从入门到实践[M].袁国忠,译.北京:人民邮电出版社,2016.
[9] 理查德·劳森.用 Python 写网络爬虫[M].李斌,译.北京:人民邮电出版社,2016.
[10] 刘火良,杨森.STM32 库开发实战指南[M].北京:机械工业出版社,2013.

# 附录：我国无人机管理相关法律、法规

## 无人驾驶航空器飞行管理暂行条例

### 第一章　总　　则

第一条　为了规范无人驾驶航空器飞行以及有关活动，促进无人驾驶航空器产业健康有序发展，维护航空安全、公共安全、国家安全，制定本条例。

第二条　在中华人民共和国境内从事无人驾驶航空器飞行以及有关活动，应当遵守本条例。本条例所称无人驾驶航空器，是指没有机载驾驶员、自备动力系统的航空器。无人驾驶航空器按照性能指标分为微型、轻型、小型、中型和大型。

第三条　无人驾驶航空器飞行管理工作应当坚持和加强党的领导，坚持总体国家安全观，坚持安全第一、服务发展、分类管理、协同监管的原则。

第四条　国家空中交通管理领导机构统一领导全国无人驾驶航空器飞行管理工作，组织协调解决无人驾驶航空器管理工作中的重大问题。国务院民用航空、公安、工业和信息化、市场监督管理等部门按照职责分工负责全国无人驾驶航空器有关管理工作。县级以上地方人民政府及其有关部门按照职责分工负责本行政区域内无人驾驶航空器有关管理工作。各级空中交通管理机构按照职责分工负责本责任区内无人驾驶航空器飞行管理工作。

第五条　国家鼓励无人驾驶航空器科研创新及其成果的推广应用，促进无人驾驶航空器与大数据、人工智能等新技术融合创新。县级以上人民政府及其有关部门应当为无人驾驶航空器科研创新及其成果的推广应用提供支持。国家在确保安全的前提下积极创新空域供给和使用机制，完善无人驾驶航空器飞行配套基础设施和服务体系。

第六条　无人驾驶航空器有关行业协会应当通过制定、实施团体标准等方式加强行业自律，宣传无人驾驶航空器管理法律法规及有关知识，增强有关单位和人员依法开展无人驾驶航空器飞行以及有关活动的意识。

## 第二章 民用无人驾驶航空器及操控员管理

第七条 国务院标准化行政主管部门和国务院其他有关部门按照职责分工组织制定民用无人驾驶航空器系统的设计、生产和使用的国家标准、行业标准。

第八条 从事中型、大型民用无人驾驶航空器系统的设计、生产、进口、飞行和维修活动，应当依法向国务院民用航空主管部门申请取得适航许可。从事微型、轻型、小型民用无人驾驶航空器系统的设计、生产、进口、飞行、维修以及组装、拼装活动，无需取得适航许可，但相关产品应当符合产品质量法律法规的有关规定以及有关强制性国家标准。从事民用无人驾驶航空器系统的设计、生产、使用活动，应当符合国家有关实名登记激活、飞行区域限制、应急处置、网络信息安全等规定，并采取有效措施减少大气污染物和噪声排放。

第九条 民用无人驾驶航空器系统生产者应当按照国务院工业和信息化主管部门的规定为其生产的无人驾驶航空器设置唯一产品识别码。微型、轻型、小型民用无人驾驶航空器系统的生产者应当在无人驾驶航空器机体标注产品类型以及唯一产品识别码等信息，在产品外包装显著位置标明守法运行要求和风险警示。

第十条 民用无人驾驶航空器所有者应当依法进行实名登记，具体办法由国务院民用航空主管部门会同有关部门制定。涉及境外飞行的民用无人驾驶航空器，应当依法进行国籍登记。

第十一条 使用除微型以外的民用无人驾驶航空器从事飞行活动的单位应当具备下列条件，并向国务院民用航空主管部门或者地区民用航空管理机构（以下统称民用航空管理部门）申请取得民用无人驾驶航空器运营合格证（以下简称运营合格证）：

（一）有实施安全运营所需的管理机构、管理人员和符合本条例规定的操控人员；

（二）有符合安全运营要求的无人驾驶航空器及有关设施、设备；

（三）有实施安全运营所需的管理制度和操作规程，保证持续具备按照制度和规程实施安全运营的能力；

（四）从事经营性活动的单位，还应当为营利法人。民用航空管理部门收到申请后，应当进行运营安全评估，根据评估结果依法作出许可或者不予许可的决定。予以许可的，颁发运营合格证；不予许可的，书面通知申请人并说明理由。使用最大起飞重量不超过150千克的农用无人驾驶航空器在农林牧渔区域上方的适飞空域内从事农林牧渔作业飞行活动（以下称常规农用无人驾驶航空器作业飞行活动），无需取得运营合格证。取得运营合格证后从事经营性通用航空飞行活动，以及从事常规农用无人驾驶航空器作业飞行活动，无需取得通用航空经营许可证和运行合格证。

第十二条　使用民用无人驾驶航空器从事经营性飞行活动，以及使用小型、中型、大型民用无人驾驶航空器从事非经营性飞行活动，应当依法投保责任保险。

第十三条　微型、轻型、小型民用无人驾驶航空器系统投放市场后，发现存在缺陷的，其生产者、进口商应当停止生产、销售，召回缺陷产品，并通知有关经营者、使用者停止销售、使用。生产者、进口商未依法实施召回的，由国务院市场监督管理部门依法责令召回。中型、大型民用无人驾驶航空器系统不能持续处于适航状态的，由国务院民用航空主管部门依照有关适航管理的规定处理。

第十四条　对已经取得适航许可的民用无人驾驶航空器系统进行重大设计更改并拟将其用于飞行活动的，应当重新申请取得适航许可。对微型、轻型、小型民用无人驾驶航空器系统进行改装的，应当符合有关强制性国家标准。民用无人驾驶航空器系统的空域保持能力、可靠被监视能力、速度或者高度等出厂性能以及参数发生改变的，其所有者应当及时在无人驾驶航空器一体化综合监管服务平台更新性能、参数信息。改装民用无人驾驶航空器的，应当遵守改装后所属类别的管理规定。

第十五条　生产、维修、使用民用无人驾驶航空器系统，应当遵守无线电管理法律法规以及国家有关规定。但是，民用无人驾驶航空器系统使用国家无线电管理机构确定的特定无线电频率，且有关无线电发射设备取得无线电发射设备型号核准的，无需取得无线电频率使用许可和无线电台执照。

第十六条　操控小型、中型、大型民用无人驾驶航空器飞行的人员应当具备下列条件，并向国务院民用航空主管部门申请取得相应民用无人驾驶航空器操控员（以下简称操控员）执照：

（一）具备完全民事行为能力；

（二）接受安全操控培训，并经民用航空管理部门考核合格；

（三）无可能影响民用无人驾驶航空器操控行为的疾病病史，无吸毒行为记录；

（四）近5年内无因危害国家安全、公共安全或者侵犯公民人身权利、扰乱公共秩序的故意犯罪受到刑事处罚的记录。从事常规农用无人驾驶航空器作业飞行活动的人员无需取得操控员执照，但应当由农用无人驾驶航空器系统生产者按照国务院民用航空、农业农村主管部门规定的内容进行培训和考核，合格后取得操作证书。

第十七条　操控微型、轻型民用无人驾驶航空器飞行的人员，无需取得操控员执照，但应当熟练掌握有关机型操作方法，了解风险警示信息和有关管理制度。无民事行为能力人只能操控微型民用无人驾驶航空器飞行，限制民事行为能力人只能操控微型、轻型民用无人驾驶航空器飞行。无民事行为能力人操控微型民用无人驾驶航空器飞行或者限制民事行为能力人操控轻型民用无人驾驶航空器飞行，应当由符合前款规定条件的完全民事行为能力人现场指导。操控轻型民用无人驾驶航空器在无人驾驶航空器管制空域内飞行的人员，应当具有完全民事行为能力，并按照国务院民用航空主管部门的规定经培训合格。

## 第三章　空域和飞行活动管理

第十八条　划设无人驾驶航空器飞行空域应当遵循统筹配置、安全高效原则，以隔离飞行为主，兼顾融合飞行需求，充分考虑飞行安全和公众利益。划设无人驾驶航空器飞行空域应当明确水平、垂直范围和使用时间。空中交通管理机构应当为无人驾驶航空器执行军事、警察、海关、应急管理飞行任务优先划设空域。

第十九条　国家根据需要划设无人驾驶航空器管制空域（以下简称管制空域）。真高120米以上空域，空中禁区、空中限制区以及周边空域，军用航空超低空飞行空域，以及下列区域上方的空域应当划设为管制空域：

（一）机场以及周边一定范围的区域；

（二）国界线、实际控制线、边境线向我方一侧一定范围的区域；

（三）军事禁区、军事管理区、监管场所等涉密单位以及周边一定范围的区域；

（四）重要军工设施保护区域、核设施控制区域、易燃易爆等危险品的生产和仓储区域，以及可燃重要物资的大型仓储区域；

（五）发电厂、变电站、加油（气）站、供水厂、公共交通枢纽、航电枢纽、重大水利设施、港口、高速公路、铁路电气化线路等公共基础设施以及周边一定范围的区域和饮用水水源保护区；

（六）射电天文台、卫星测控（导航）站、航空无线电导航台、雷达站等需要电磁环境特殊保护的设施以及周边一定范围的区域；

（七）重要革命纪念地、重要不可移动文物以及周边一定范围的区域；

（八）国家空中交通管理领导机构规定的其他区域。管制空域的具体范围由各级空中交通管理机构按照国家空中交通管理领导机构的规定确定，由设区的市级以上人民政府公布，民用航空管理部门和承担相应职责的单位发布航行情报。未经空中交通管理机构批准，不得在管制空域内实施无人驾驶航空器飞行活动。管制空域范围以外的空域为微型、轻型、小型无人驾驶航空器的适飞空域（以下简称适飞空域）。

第二十条　遇有特殊情况，可以临时增加管制空域，由空中交通管理机构按照国家有关规定确定有关空域的水平、垂直范围和使用时间。保障国家重大活动以及其他大型活动的，在临时增加的管制空域生效 24 小时前，由设区的市级以上地方人民政府发布公告，民用航空管理部门和承担相应职责的单位发布航行情报。保障执行军事任务或者反恐维稳、抢险救灾、医疗救护等其他紧急任务的，在临时增加的管制空域生效 30 分钟前，由设区的市级以上地方人民政府发布紧急公告，民用航空管理部门和承担相应职责的单位发布航行情报。

第二十一条　按照国家空中交通管理领导机构的规定需要设置管制空域的地面警示标志的，设区的市级人民政府应当组织设置并加强日常巡查。

第二十二条　无人驾驶航空器通常应当与有人驾驶航空器隔离飞行。属于下列情形之一的，经空中交通管理机构批准，可以进行融合飞行：

（一）根据任务或者飞行课目需要，警察、海关、应急管理部门辖有的无人驾驶航空器与本部门、本单位使用的有人驾驶航空器在同一空域或者同一机场区域的飞行；

（二）取得适航许可的大型无人驾驶航空器的飞行；

（三）取得适航许可的中型无人驾驶航空器不超过真高 300 米的飞行；

（四）小型无人驾驶航空器不超过真高 300 米的飞行；

（五）轻型无人驾驶航空器在适飞空域上方不超过真高 300 米的飞行。属于下列情形之一的，进行融合飞行无需经空中交通管理机构批准：

（一）微型、轻型无人驾驶航空器在适飞空域内的飞行；

（二）常规农用无人驾驶航空器作业飞行活动。

第二十三条　国家空中交通管理领导机构统筹建设无人驾驶航空器一体化综合监管服务平台，对全国无人驾驶航空器实施动态监管与服务。空中交通管理机构和民用航空、公安、工业和信息化等部门、单位按照职责分工采集无人驾驶航空器生产、登记、使用的有关信息，依托无人驾驶航空器一体化综合监管服务平台共享，并采取相应措施保障信息安全。

第二十四条　除微型以外的无人驾驶航空器实施飞行活动，操控人员应当确保无人驾驶航空器能够按照国家有关规定向无人驾驶航空器一体化综合监管服务平台报送识别信息。微型、轻型、小型无人驾驶航空器在飞行过程中应当广播式自动发送识别信息。

第二十五条　组织无人驾驶航空器飞行活动的单位或者个人应当遵守有关法律法规和规章制度，主动采取事故预防措施，对飞行安全承担主体责任。

第二十六条　除本条例第三十一条另有规定外，组织无人驾驶航空器飞行活动的单位或者个人应当在拟飞行前 1 日 12 时前向空中交通管理机构提出飞行活动申请。空中交通管理机构应当在飞行前 1 日 21 时前作出批准或者不予批准的决定。按照国家空中交通管理领导机构的规定在固定空域内实施常态飞行活动的，可以提出长期飞行活动申请，经批准后实施，并应当在拟飞行前 1 日 12 时前将飞行计划报空中交通管理机构备案。

第二十七条　无人驾驶航空器飞行活动申请应当包括下列内容：

（一）组织飞行活动的单位或者个人、操控人员信息以及有关资质证书；

（二）无人驾驶航空器的类型、数量、主要性能指标和登记管理信息；

（三）飞行任务性质和飞行方式，执行国家规定的特殊通用航空飞行任务的还应当提供有效的任务批准文件；

（四）起飞、降落和备降机场（场地）；

（五）通信联络方法；

（六）预计飞行开始、结束时刻；

（七）飞行航线、高度、速度和空域范围，进出空域方法；

（八）指挥控制链路无线电频率以及占用带宽；

（九）通信、导航和被监视能力；

（十）安装二次雷达应答机或者有关自动监视设备的，应当注明代码申请；

（十一）应急处置程序；

（十二）特殊飞行保障需求；

（十三）国家空中交通管理领导机构规定的与空域使用和飞行安全有关的其他必要信息。

第二十八条　无人驾驶航空器飞行活动申请按照下列权限批准：

（一）在飞行管制分区内飞行的，由负责该飞行管制分区的空中交通管理机构批准；

（二）超出飞行管制分区在飞行管制区内飞行的，由负责该飞行管制区的空中交通管理机构批准；

（三）超出飞行管制区飞行的，由国家空中交通管理领导机构授权的空中交通管理机构批准。

第二十九条　使用无人驾驶航空器执行反恐维稳、抢险救灾、医疗救护等紧急任务的，应当在计划起飞30分钟前向空中交通管理机构提出飞行活动申请。空中交通管理机构应当在起飞10分钟前作出批准或者不予批准的决定。执行特别紧急任务的，使用单位可以随时提出飞行活动申请。

第三十条　飞行活动已获得批准的单位或者个人组织无人驾驶航空器飞行活动的，应当在计划起飞1小时前向空中交通管理机构报告预计起飞时刻和准备情况，经空中交通管理机构确认后方可起飞。

第三十一条　组织无人驾驶航空器实施下列飞行活动，无需向空中交通管理机构提出飞行活动申请：

（一）微型、轻型、小型无人驾驶航空器在适飞空域内的飞行活动；

（二）常规农用无人驾驶航空器作业飞行活动；

（三）警察、海关、应急管理部门辖有的无人驾驶航空器，在其驻地、地面（水面）训练场、靶场等上方不超过真高120米的空域内的飞行活动；但是，需在计划起飞1小时前经空中交通管理机构确认后方可起飞；

（四）民用无人驾驶航空器在民用运输机场管制地带内执行巡检、勘察、校验等飞行任务；但是，需定期报空中交通管理机构备案，并在计划起飞1小时前经空中交通管理机构确认后方可起飞。前款规定的飞行活动存在下列情形之一的，应当依照本条例第二十六条的规定提出飞行活动申请：（一）通过通信基站或者互联网进行无人驾驶航空器中继飞行；（二）运载危险品或者投放物品（常规农用无人驾驶航空器作业飞行活动除外）；（三）飞越集会人群上空；（四）在移动的交通工具上操控无人驾驶航空器；（五）实施分布式操作或者集群飞行。微型、轻型无人驾驶航空器在适飞空域内飞行的，无需取得特殊通用航空飞行任务批准文件。

第三十二条　操控无人驾驶航空器实施飞行活动，应当遵守下列行为规范：

（一）依法取得有关许可证书、证件，并在实施飞行活动时随身携带备查；

（二）实施飞行活动前做好安全飞行准备，检查无人驾驶航空器状态，并及时更新电子围栏等信息；

（三）实时掌握无人驾驶航空器飞行动态，实施需经批准的飞行活动应当与空中交通管理机构保持通信联络畅通，服从空中交通管理，飞行结束后及时报告；

（四）按照国家空中交通管理领导机构的规定保持必要的安全间隔；

（五）操控微型无人驾驶航空器的，应当保持视距内飞行；

（六）操控小型无人驾驶航空器在适飞空域内飞行的，应当遵守国家空中交通管理领导机构关于限速、通信、导航等方面的规定；

（七）在夜间或者低能见度气象条件下飞行的，应当开启灯光系统并确保其处于良好工作状态；

（八）实施超视距飞行的，应当掌握飞行空域内其他航空器的飞行动态，采取避免相撞的措施；

（九）受到酒精类饮料、麻醉剂或者其他药物影响时，不得操控无人驾驶航空器；

（十）国家空中交通管理领导机构规定的其他飞行活动行为规范。

第三十三条　操控无人驾驶航空器实施飞行活动，应当遵守下列避让规则：

（一）避让有人驾驶航空器、无动力装置的航空器以及地面、水上交通工具；

（二）单架飞行避让集群飞行；

（三）微型无人驾驶航空器避让其他无人驾驶航空器；

（四）国家空中交通管理领导机构规定的其他避让规则。

第三十四条　禁止利用无人驾驶航空器实施下列行为：

（一）违法拍摄军事设施、军工设施或者其他涉密场所；

（二）扰乱机关、团体、企业、事业单位工作秩序或者公共场所秩序；

（三）妨碍国家机关工作人员依法执行职务；

（四）投放含有违反法律法规规定内容的宣传品或者其他物品；

（五）危及公共设施、单位或者个人财产安全；

（六）危及他人生命健康，非法采集信息，或者侵犯他人其他人身权益；

（七）非法获取、泄露国家秘密，或者违法向境外提供数据信息；

（八）法律法规禁止的其他行为。

第三十五条　使用民用无人驾驶航空器从事测绘活动的单位依法取得测绘资质证书后，方可从事测绘活动。外国无人驾驶航空器或者由外国人员操控的无人驾驶航空器不得在我国境内实施测绘、电波参数测试等飞行活动。

第三十六条　模型航空器应当在空中交通管理机构为航空飞行营地划定的空域内飞行，但国家空中交通管理领导机构另有规定的除外。

## 第四章　监督管理和应急处置

第三十七条　国家空中交通管理领导机构应当组织有关部门、单位在无人驾驶航空器一体化综合监管服务平台上向社会公布审批事项、申请办理流程、受理单位、联系方式、举报受理方式等信息并及时更新。

第三十八条　任何单位或者个人发现违反本条例规定行为的，可以向空中交通管理机构、民用航空管理部门或者当地公安机关举报。收到举报的部门、单位应当及时依法作出处理；不属于本部门、本单位职责的，应当及时移送有权处理的部门、单位。

第三十九条　空中交通管理机构、民用航空管理部门以及县级以上公安机关应当制定有关无人驾驶航空器飞行安全管理的应急预案，定期演练，提高应急处置能力。县级以上地方人民政府应当将无人驾驶航空器安全应急管理纳入突发事件应急管理体系，健全信息互通、协同配合的应急处置工作机制。无人驾驶航空器系统的设计者、生产者，应当确保无人驾驶航空器具备紧急避让、降落等应急处置功能，避免或者减轻无人驾驶航空器发生事故时对生命财产的损害。使用无人驾驶航空器的单位或者个人应当按照有关规定，制定飞行紧急情况处置预案，落实风险防范措施，及时消除安全隐患。

第四十条　无人驾驶航空器飞行发生异常情况时，组织飞行活动的单位或者个人应当及时处置，服从空中交通管理机构的指令；导致发生飞行安全问题的，组织飞行活动的单位或者个人还应当在无人驾驶航空器降落后 24 小时内向空中交通管理机构报告有关情况。

第四十一条　对空中不明情况和无人驾驶航空器违规飞行，公安机关在条件有利时可以对低空目标实施先期处置，并负责违规飞行无人驾驶航空器落地后的现场处置。有关军事机关、公安机关、国家安全机关等单位按职责分工组织查证处置，民用航空管理等其他有关部门应当予以配合。

第四十二条　无人驾驶航空器违反飞行管理规定、扰乱公共秩序或者危及公共安全的，空中交通管理机构、民用航空管理部门和公安机关可以依法采取必要技术防控、扣押有关物品、责令停止飞行、查封违法活动场所等紧急处置措施。

第四十三条　军队、警察以及按照国家反恐怖主义工作领导机构有关规定由公安机关授权的高风险反恐怖重点目标管理单位，可以依法配备无人驾驶航空器反制设备，在公安机关或者有关军事机关的指导监督下从严控制设置和使用。无人驾驶航空器反制设备配备、设置、使用以及授权管理办法，由国务院工业和信息化、公安、国家安全、市场监督管理部门会同国务院有关部门、有关军事机关制定。任何单位或者个人不得非法拥有、使用无人驾驶航空器反制设备。

## 第五章　法律责任

第四十四条　违反本条例规定，从事中型、大型民用无人驾驶航空器系统的设计、生产、进口、飞行和维修活动，未依法取得适航许可的，由民用航空管理部门责令停止有关活动，没收违法所得，并处无人驾驶航空器系统货值金额 1 倍以上 5 倍以下的罚款；情节严重的，责令停业整顿。

第四十五条　违反本条例规定，民用无人驾驶航空器系统生产者未按照国务院工业和信息化主管部门的规定为其生产的无人驾驶航空器设置唯一产品识别码的，由县级以上人民政府工业和信息化主管部门责令改正，没收违法所得，并处 3 万元以上 30 万元以下的罚款；拒不改正的，责令停业整顿。

第四十六条　违反本条例规定，对已经取得适航许可的民用无人驾驶航空器系统进行重大设计更改，未重新申请取得适航许可并将其用于飞行活动的，由民用航空管理部门责令改正，处无人驾驶航空器系统货值金额 1 倍以上 5 倍以下的罚款。违反本条例规定，改变微型、轻型、小型民用无人驾驶航空器系统的空域保持能力、可靠被监视能力、速度或者高度等出厂性能以及参数，未及时在无人驾驶航空器一体化综合监管服务平台更新性能、参数信息的，由民用航空管理部门责令改正；拒不改正的，处 2000 元以上 2 万元以下的罚款。

第四十七条　违反本条例规定，民用无人驾驶航空器未经实名登记实施飞行活动的，由公安机关责令改正，可以处 200 元以下的罚款；情节严重的，处 2000 元以上 2 万元以下的罚款。违反本条例规定，涉及境外飞行的民用无人驾驶航空器未依法进行国籍登记的，由民用航空管理部门责令改正，处 1 万元以上 10 万元以下的罚款。

第四十八条　违反本条例规定，民用无人驾驶航空器未依法投保责任保险的，由民用航空管理部门责令改正，处 2000 元以上 2 万元以下的罚款；情节严重的，责令从事飞行活动的单位停业整顿直至吊销其运营合格证。

第四十九条　违反本条例规定，未取得运营合格证或者违反运营合格证的要求实施飞行活动的，由民用航空管理部门责令改正，处 5 万元以上 50 万元以下的罚款；情节严重的，责令停业整顿直至吊销其运营合格证。

第五十条　无民事行为能力人、限制民事行为能力人违反本条例规定操控民用无人驾驶航空器飞行的，由公安机关对其监护人处500元以上5000元以下的罚款；情节严重的，没收实施违规飞行的无人驾驶航空器。违反本条例规定，未取得操控员执照操控民用无人驾驶航空器飞行的，由民用航空管理部门处5000元以上5万元以下的罚款；情节严重的，处1万元以上10万元以下的罚款。违反本条例规定，超出操控员执照载明范围操控民用无人驾驶航空器飞行的，由民用航空管理部门处2000元以上2万元以下的罚款，并处暂扣操控员执照6个月至12个月；情节严重的，吊销其操控员执照，2年内不受理其操控员执照申请。违反本条例规定，未取得操作证书从事常规农用无人驾驶航空器作业飞行活动的，由县级以上地方人民政府农业农村主管部门责令停止作业，并处1000元以上1万元以下的罚款。

第五十一条　组织飞行活动的单位或者个人违反本条例第三十二条、第三十三条规定的，由民用航空管理部门责令改正，可以处1万元以下的罚款；拒不改正的，处1万元以上5万元以下的罚款，并处暂扣运营合格证、操控员执照1个月至3个月；情节严重的，由空中交通管理机构责令停止飞行6个月至12个月，由民用航空管理部门处5万元以上10万元以下的罚款，并可以吊销相应许可证件，2年内不受理其相应许可申请。违反本条例规定，未经批准操控微型、轻型、小型民用无人驾驶航空器在管制空域内飞行，或者操控模型航空器在空中交通管理机构划定的空域外飞行的，由公安机关责令停止飞行，可以处500元以下的罚款；情节严重的，没收实施违规飞行的无人驾驶航空器，并处1000元以上1万元以下的罚款。

第五十二条　违反本条例规定，非法拥有、使用无人驾驶航空器反制设备的，由无线电管理机构、公安机关按照职责分工予以没收，可以处5万元以下的罚款；情节严重的，处5万元以上20万元以下的罚款。

第五十三条　违反本条例规定，外国无人驾驶航空器或者由外国人员操控的无人驾驶航空器在我国境内实施测绘飞行活动的，由县级以上人民政府测绘地理信息主管部门责令停止违法行为，没收违法所得、测绘成果和实施违规飞行的无人驾驶航空器，并处10万元以上50万元以下的罚款；情节严重的，并处50万元以上100万元以下的罚款，由公安机关、国家安全机关按照职责分工决定限期出境或者驱逐出境。

第五十四条　生产、改装、组装、拼装、销售和召回微型、轻型、小型民用无人驾驶航空器系统，违反产品质量或者标准化管理等有关法律法规的，由县级以上人民政府市场监督管理部门依法处罚。除根据本条例第十五条的规定无需取得无线电频率使用许可和无线电台执照的情形以外，生产、维修、使用民用无人驾驶航空器系统，违反无线电管理法律法规以及国家有关规定的，由无线电管理机构依法处罚。无人驾驶航空器飞行活动违反军事设施保护法律法规的，依照有关法律法规的规定执行。

第五十五条　违反本条例规定，有关部门、单位及其工作人员在无人驾驶航空器飞行以及有关活动的管理工作中滥用职权、玩忽职守、徇私舞弊或者有其他违法行为的，依法给予处分。

第五十六条　违反本条例规定，构成违反治安管理行为的，由公安机关依法给予治安管理处罚；构成犯罪的，依法追究刑事责任；造成人身、财产或者其他损害的，依法承担民事责任。

## 第六章　附　　则

第五十七条　在我国管辖的其他空域内实施无人驾驶航空器飞行活动，应当遵守本条例的有关规定。无人驾驶航空器在室内飞行不适用本条例。自备动力系统的飞行玩具适用本条例的有关规定，具体办法由国务院工业和信息化主管部门、有关空中交通管理机构会同国务院公安、民用航空主管部门制定。

第五十八条　无人驾驶航空器飞行以及有关活动，本条例没有规定的，适用《中华人民共和国民用航空法》、《中华人民共和国飞行基本规则》、《通用航空飞行管制条例》以及有关法律、行政法规。

第五十九条　军用无人驾驶航空器的管理，国务院、中央军事委员会另有规定的，适用其规定。警察、海关、应急管理部门辖有的无人驾驶航空器的适航、登记、操控员等事项的管理办法，由国务院有关部门另行制定。

第六十条　模型航空器的分类、生产、登记、操控人员、航空飞行营地等事项的管理办法，由国务院体育主管部门会同有关空中交通管理机构，国务院工业和信息化、公安、民用航空主管部门另行制定。

第六十一条　本条例施行前生产的民用无人驾驶航空器不能按照国家有关规定自动向无人驾驶航空器一体化综合监管服务平台报送识别信息的，实施飞行活动应当依照本条例的规定向空中交通管理机构提出飞行活动申请，经批准后方可飞行。

第六十二条　本条例下列用语的含义：

（一）空中交通管理机构，是指军队和民用航空管理部门内负责有关责任区空中交通管理的机构。

（二）微型无人驾驶航空器，是指空机重量小于0.25千克，最大飞行真高不超过50米，最大平飞速度不超过40千米/小时，无线电发射设备符合微功率短距离技术要求，全程可以随时人工介入操控的无人驾驶航空器。

（三）轻型无人驾驶航空器，是指空机重量不超过4千克且最大起飞重量不超过7千克，最大平飞速度不超过100千米/小时，具备符合空域管理要求的空域保持能力和可靠被监视能力，全程可以随时人工介入操控的无人驾驶航空器，但不包括微型无人驾驶航空器。

（四）小型无人驾驶航空器，是指空机重量不超过15千克且最大起飞重量不超过25千克，具备符合空域管理要求的空域保持能力和可靠被监视能力，全程可以随时人工介入操控的无人驾驶航空器，但不包括微型、轻型无人驾驶航空器。

（五）中型无人驾驶航空器，是指最大起飞重量不超过150千克的无人驾驶航空器，但不包括微型、轻型、小型无人驾驶航空器。

（六）大型无人驾驶航空器，是指最大起飞重量超过150千克的无人驾驶航空器。

（七）无人驾驶航空器系统，是指无人驾驶航空器以及与其有关的遥控台（站）、任务载荷和控制链路等组成的系统。其中，遥控台（站）是指遥控无人驾驶航空器的各种操控设备（手段）以及有关系统组成的整体。

（八）农用无人驾驶航空器，是指最大飞行真高不超过30米，最大平飞速度不超过50千米/小时，最大飞行半径不超过2000米，具备空域保持能力和可靠被监视能力，专门用于植保、播种、投饵等农林牧渔作业，全程可以随时人工介入操控的无人驾驶航空器。

（九）隔离飞行，是指无人驾驶航空器与有人驾驶航空器不同时在同一空域内的飞行。

（十）融合飞行，是指无人驾驶航空器与有人驾驶航空器同时在同一空域内的飞行。

（十一）分布式操作，是指把无人驾驶航空器系统操作分解为多个子业务，部署在多个站点或者终端进行协同操作的模式。

（十二）集群，是指采用具备多台无人驾驶航空器操控能力的同一系统或者平台，为了处理同一任务，以各无人驾驶航空器操控数据互联协同处理为特征，在同一时间内并行操控多台无人驾驶航空器以相对物理集中的方式进行飞行的无人驾驶航空器运行模式。

（十三）模型航空器，也称航空模型，是指有尺寸和重量限制，不能载人，不具有高度保持和位置保持飞行功能的无人驾驶航空器，包括自由飞、线控、直接目视视距内人工不间断遥控、借助第一视角人工不间断遥控的模型航空器等。

（十四）无人驾驶航空器反制设备，是指专门用于防控无人驾驶航空器违规飞行，具有干扰、截控、捕获、摧毁等功能的设备。

（十五）空域保持能力，是指通过电子围栏等技术措施控制无人驾驶航空器的高度与水平范围的能力。

第六十三条　本条例自 2024 年 1 月 1 日起施行。

# 民用无人驾驶航空器实名制登记管理规定
## （AP-45-AA-2017-03）

**1. 总则**

1.1 目的

为加强民用无人驾驶航空器（以下简称民用无人机）的管理，对民用 无人机拥有者实施实名制登记，特制定本管理规定。

1.2 适用范围

本管理规定适用于在中华人民共和国境内最大起飞重量为 250 克以上（含 250 克）的民用无人机。

1.3 登记要求

自 2017 年 6 月 1 日起，民用无人机的拥有者必须按照本管理规定的要求进行实名登记。

2017 年 8 月 31 日后，民用无人机拥有者，如果未按照本管理规定实施实名登记和粘贴登记标志的，其行为将被视为违反法规的非法行为，其无人机的使用将受影响，监管主管部门将按照相关规定进行处罚。

1.4 定义

1.4.1 民用无人机

民用无人机是指没有机载驾驶员操纵、自备飞行控制系统，并从事非军事、警察和海关飞行任务的航空器。不包括航空模型、无人驾驶自由气球和系留气球。

1.4.2 民用无人机拥有者

民用无人机拥有者是指民用无人机的所有权人，包括个人、依据中华人民共和国法律设立的企业法人/事业法人/机关法人和其它组织。

1.4.3 民用无人机最大起飞重量

民用无人机最大起飞重量是指根据无人机的设计或运行限制，无人机能够起飞时所容许的最大重量。

1.4.4 民用无人机空机重量

民用无人机空机重量是指无人机制造厂给出的无人机基本重量。除商载外，该无人机做好执行飞行任务的全部重量，包含标配电池重量和最大燃油重量。

**2. 职责**

2.1　中国民用航空局航空器适航审定司

(1) 制定民用无人机实名登记政策；

(2) 管理“中国民用航空局民用无人机实名登记信息系统”(以下简称无人机实名登记系统)。

2.2　民用无人机制造商

(1) 在“无人机实名登记系统”中填报其产品的名称、型号、最大起飞重量、空机重量、产品类型、无人机购买者姓名和移动电话等信息；

(2) 在产品外包装明显位置和产品说明书中，提醒拥有者在“无人机实名登记系统”中进行实名登记，警示不实名登记擅自飞行的危害；

(3) 随产品提供不干胶打印纸，供拥有者打印“无人机登记标志”。

2.3　民用无人机拥有者

(1) 依据本管理规定 3.2 的要求，在“无人机实名登记系统”进行实名登记；

(2) 依据本管理规定 3.4 的要求，在其拥有无人机上粘贴登记标志；

(3) 当发生本管理规定 3.5 所述情况，在“无人机实名登记系统”上更新无人机的信息。

**3. 民用无人机实名登记要求**

3.1　实名登记的流程

(1) 民用无人机制造商和民用无人机拥有者在“无人机实名登记系统”(https://uas.caac.gov.cn)上申请账户；

(2) 民用无人机制造商在该系统中填报其所有产品的信息；

(3) 民用无人机拥有者在该系统中实名登记其拥有产品的信息，并将系统给定的登记标志粘贴在无人机上。

3.2　实名登记的信息内容

3.2.1　民用无人机制造商填报信息

民用无人机制造商在“无人机实名登记系统”中填报的信息包括：

(1) 制造商名称、注册地址和联系方式；

(2) 产品名称和型号；

(3) 空机重量和最大起飞重量；

(4) 产品类别；

(5) 无人机购买者姓名和移动电话。

3.2.2 个人民用无人机拥有者登记信息

个人民用无人机拥有者在"无人机实名登记系统"中登记的信息包括：

(1) 拥有者姓名；

(2) 有效证件号码(如身份证号、护照号等)；

(3) 移动电话和电子邮箱；

(4) 产品型号、产品序号；

(5) 使用目的。

3.2.3 单位民用无人机拥有者登记信息

单位民用无人机拥有者在"无人机实名登记系统"中登记的信息包括：

(1) 单位名称；

(2) 统一社会信用代码或者组织机构代码等；

(3) 移动电话和电子邮箱；

(4) 产品型号、产品序号；

(5) 使用目的。

3.3 民用无人机的登记标志

(1) 民用无人机登记标志包括登记号和登记二维码，民用无人机拥有者在"无人机实名登记系统"中完成信息填报后，系统自动给出包含登记号和二维码的登记标志图片，并发送到登记的邮箱。

(2) 民用无人机登记号是为区分民用无人机而给出的编号，对于序号(S/N)不同的民用无人机，登记号不同。民用无人机登记号共有 11 位字符，分为两部分：前三位为字母 UAS，后 8 位为阿拉伯数字，采用流水号形式，范围为 00000001～99999999，例如登记号 UAS00000003。

(3) 民用无人机登记二维码包括无人机制造商、产品型号、产品名称、产品序号、登记时间、拥有者姓名或单位名称、联系方式等信息。

3.4 民用无人机的标识要求

(1) 民用无人机拥有者在收到系统给出的包含登记号和二维码的登记标志图片后，将其打印为至少 2 厘米乘以 2 厘米的不干胶粘贴牌。

(2) 民用无人机拥有者将登记标志图片采用耐久性方法粘于无人机不易损伤的地方，且始终清晰可辨，亦便于查看。便于查看是指登记标志附着于一个不需要借助任何工具就能查看的部件之上。

（3）民用无人机拥有者必须确保无人机每次运行期间均保持登记标志附着其上。

（4）民用无人机登记号和二维码信息不得涂改、伪造或转让。

3.5　登记信息的更新

（1）民用无人机发生出售、转让、损毁、报废、丢失或者被盗等情况，民用无人机拥有者应及时通过“无人机实名登记系统”注销该无人机的信息。

（2）民用无人机的所有权发生转移后，变更后的所有人必须按照本管理规定的要求实名登记该民用无人机的信息。

**4. 附则**

4.1　本管理规定由中国用航空局航空器适航审定司负责解释。

4.2　本管理规定自 2017 年 5 月 16 日起生效。

# 民用无人驾驶航空器系统空中交通管理办法

## （MD-TM-2016-004）

### 第一章　总　　则

第一条　为了加强对民用无人驾驶航空器飞行活动的管理，规范其空中交通管理工作，依据《中华人民共和国民用航空法》、《中华人民共和国飞行基本规则》、《通用航空飞行管制条例》和《民用航空空中交通管理规则》，制定本办法。

第二条　本办法适用于依法在航路航线、进近（终端）和机场管制地带等民用航空使用空域范围内或者对以上空域内运行存在影响的民用无人驾驶航空器系统活动的空中交通管理工作。

第三条　民航局指导监督全国民用无人驾驶航空器系统空中交通管理工作，地区管理局负责本辖区内民用无人驾驶航空器系统空中交通服务的监督和管理工作。

空管单位向其管制空域内的民用无人驾驶航空器系统提供空中交通服务。

第四条　民用无人驾驶航空器仅允许在隔离空域内飞行。

民用无人驾驶航空器在隔离空域内飞行，由组织单位和个人负责实施，并对其安全负责。多个主体同时在同一空域范围内开展民用无人驾驶航空器飞行活动的，应当明确一个活动组织者，并对隔离空域内民用无人驾驶航空器飞行活动安全负责。

### 第二章　评估管理

第五条　在本办法第二条规定的民用航空使用空域范围内开展民用无人驾驶航空器系统飞行活动，除满足以下全部条件的情况外，应通过地区管理局评审：

（一）机场净空保护区以外；

（二）民用无人驾驶航空器最大起飞重量小于或等于 7 千克；

（三）在视距内飞行，且天气条件不影响持续可见无人驾驶航空器；

（四）在昼间飞行；

（五）飞行速度不大于 120 千米/小时；

（六）民用无人驾驶航空器符合适航管理相关要求；

（七）驾驶员符合相关资质要求；

（八）在进行飞行前驾驶员完成对民用无人驾驶航空器系统的检查；

（九）不得对飞行活动以外的其他方面造成影响，包括地面人员、设施、环境安全和社会治安等。

（十）运营人应确保其飞行活动持续符合以上条件。

第六条 民用无人驾驶航空器系统飞行活动需要评审时，由运营人会同空管单位提出使用空域，对空域内的运行安全进行评 估并形成评估报告。地区管理局对评估报告进行审查或评审，出具结论意见。

第七条 民用无人驾驶航空器在空域内运行应当符合国家和 民航有关规定，经评估满足空域运行安全的要求。评估应当至少包括以下内容：

（一）民用无人驾驶航空器系统情况，包括民用无人驾驶航空器系统基本情况、国籍登记、适航证件（特殊适航证、标准适航证和特许飞行证等）、无线电台及使用频率情况；

（二）驾驶员、观测员的基本信息和执照情况；

（三）民用无人驾驶航空器系统运营人基本信息；

（四）民用无人驾驶航空器的飞行性能，包括：飞行速度、典型和最大爬升率、典型和最大下降率、典型和最大转弯率、其他有关性能数据（例如风、结冰、降水限制）、航空器最大续航能力、起飞和着陆要求；

（五）民用无人驾驶航空器系统活动计划，包括：飞行活动类型或目的、飞行规则（目视或仪表飞行）、操控方式（视距内或超视距，无线电视距内或超无线电视距等）、预定的飞行日期、起飞地点、降落地点、巡航速度、巡航高度、飞行路线和空域、飞行时间和次数；

（六）空管保障措施，包括：使用空域范围和时间、管制程 序、间隔要求、协调通报程序、应急预案等；

（七）民用无人驾驶航空器系统的通信、导航和监视设备和能力，包括：民用无人驾驶航空器系统驾驶员与空管单位通信的设备和性能、民用无人驾驶航空器系统的指挥与控制链路及其性能参数和覆盖范围、驾驶员和观测员之间的通信设备和性能、民用无人驾驶航空器系统导航和监视设备及性能；

（八）民用无人驾驶航空器系统的感知与避让能力；

（九）民用无人驾驶航空器系统故障时的紧急程序，特别是：与空管单位的通信故障、指挥与控制链路故障、驾驶员与观测员之间的通信故障等情况；

（十）遥控站的数量和位置以及遥控站之间的移交程序；

（十一）其他有关任务、噪声、安保、业载、保险等方面的情况；

（十二）其他风险管控措施。

第八条　按照本规定第六条需要进行评估的飞行活动，其使用的民用无人驾驶航空器系统应当为遥控驾驶航空器系统，而非自主无人驾驶航空器系统。并且能够按要求设置电子围栏。

第九条　地区管理局应当组织相关部门对评估报告进行审查，对于复杂问题可以组织专家进行评审和现场演示，并将审查 或评审结论反馈给运营人和有关空管单位。

## 第三章　空中交通服务

第十条　民用无人驾驶航空器飞行应当为其单独划设隔离空域，明确水平范围、垂直范围和使用时段。可在民航使用空域内临时为民用无人驾驶航空器划设隔离空域。

飞行密集区、人口稠密区、重点地区、繁忙机场周边空域，原则上不划设民用无人驾驶航空器飞行空域。

第十一条　隔离空域由空管单位会同运营人划设。划设隔离空域应综合考虑民用无人驾驶航空器通信导航监视能力、航空器性能、应急程序等因素，并符合下列要求：

（一）隔离空域边界原则上距其他航空器使用空域边界的水平距离不小于10公里；

（二）隔离空域上下限距其他航空器使用空域垂直距离8400米（含）以下不得小于600米，8400米以上不得小于1200米。

第十二条　民用无人驾驶航空器在隔离空域内运行时，应当符合下列要求：

（一）民用无人驾驶航空器应当遵守规定的程序和安全要求；

（二）民用无人驾驶航空器确保在所分配的隔离空域内飞行，并与水平边界保持5公里以上距离；

（三）防止民用无人驾驶航空器无意间从隔离空域脱离。

第十三条　为了防止民用无人驾驶航空器和其它航空器活动相互穿越隔离空域边界，提高民用无人驾驶航空器运行的安全性，需要采取下列安全措施：

（一）驾驶员应当持续监视民用无人驾驶航空器飞行；

（二）当驾驶员发现民用无人驾驶航空器脱离隔离空域时，应向相关空管单位通报；

（三）空管单位发现民用无人驾驶航空器脱离隔离空域时，应当防止与其他航空器发生冲突，通知运营人采取相关措施，并向相关管制单位通报。

（四）空管单位应当同时向民用无人驾驶航空器和隔离空域附近运行的其他航空器提供服务；

（五）在空管单位和民用无人驾驶航空器系统驾驶员之间应建立可靠的通信；

（六）空管单位应为民用无人驾驶航空器指挥与控制链路失效、民用无人驾驶航空器避让侵入的航空器等紧急事项设置相应 的应急工作程序。

第十四条　针对民用无人驾驶航空器违规飞行影响日常运行的情况，空管单位应与机场、军航管制单位等建立通报协调关系，制定信息通报、评估处置和运行恢复的方案，保证安全，降低影响。

## 第四章　无线电管理

第十五条　民用无人驾驶航空器系统活动中使用无线电频率、无线电设备应当遵守国家无线电管理法规和规定，且不得对航空无线电频率造成有害干扰。

第十六条　未经批准，不得在民用无人驾驶航空器上发射语音广播通信信号。

第十七条　使用民用无人驾驶航空器系统应当遵守国家有关部门发布的无线电管制命令。

## 第五章　附　则

第十八条　民用无人驾驶航空器系统飞行活动涉及多项评估或审批的，地区管理局应当统筹安排。

第十九条　本管理办法自下发之日起开始施行，原《民用无人机空中交通管理办法》(MD－TM－2009－002)同时废止。

第二十条　本管理办法使用的术语定义：

民用无人驾驶航空器：没有机载驾驶员操作的民用航空器。

民用无人驾驶航空器系统：指民用无人驾驶航空器及与其安全运行有关的组件，主要包括遥控站、数据链路等。

遥控驾驶航空器系统：由遥控驾驶航空器、相关的遥控站、所需的指挥与控制链路以及批准的型号设计规定的任何其他部件 构成的系统。

遥控驾驶航空器：由遥控站操纵的无人驾驶航空器。遥控驾驶航空器是无人驾驶航空器的亚类。

遥控站：遥控驾驶航空器系统的组成部分，包括用于操纵遥控驾驶航空器的设备。

指挥与控制链路：遥控驾驶航空器和遥控站之间为飞行管理目的建立的数据链接。

自主无人驾驶航空器系统：不允许驾驶员介入飞行管理的无人驾驶航空器。

电子围栏：是指为防止民用无人驾驶航空器飞入或者飞出特定区域，在相应电子地理范围中画出其区域边界，并配合飞行控制系统，保障区域安全的软硬件系统。

感知与避让：观察、发现、探测交通冲突或其他危险，并采取适当行动的能力。

运营人：是指从事或拟从事航空器运营的个人、组织或者企业。

驾驶员：由运营人指派对遥控驾驶航空器的运行负有必不可少职责并在飞行期间适时操纵无人驾驶航空器的人。

观测员：由运营人指定的训练有素的人员，通过目视观测遥控驾驶航空器协助驾驶员安全实施飞行。

隔离空域：专门分配给无人驾驶航空器系统运行的空域，通过限制其他航空器的进入以规避碰撞风险。

非隔离空域：无人驾驶航空器系统与其他有人驾驶航空器同时运行的空域。

目视视距内：驾驶员或观测员与无人驾驶航空器保持直接目视视觉接触的运行方式。直接目视视觉接触的范围为：真高 120 米以下；距离不超过驾驶员或观测员视线范围或最大 500 米半径的范围，两者中取较小值。超目视视距：无人驾驶航空器在目视视距以外的运行方式。

无线电视距内：是指发射机和接收机在彼此的无线电覆盖范围之内能够直接进行通信，或者通过地面网络使远程发射机和接 收机在无线电视距内，并且能在相应时间范围内完成通信传输的 情况。

超无线电视距：是指发射机和接收机不在无线电视距之内的情况。因此所有卫星系统都是超无线电视距的，遥控站通过地面网络不能在相应时间范围与至少一个地面站完成通信传输的系统 也都是超无线电视距的。

机场净空区：也称机场净空保护区域，是指为保护航空器起飞、飞行和降落安全，根据民用机场净空障碍物限制图要求划定的空间范围。

人口稠密区：是指城镇、村庄、繁忙道路或大型露天集会场所等区域。

重点地区：是指军事重地、核电站和行政中心等关乎国家安全的区域及周边，或地方政府临时划设的区域。